电子产品编程基础

——C 语言模块化教程

主　编　丁倩雯

副主编　史　萍　陈　欢

U0295219

上海交通大学出版社

SHANGHAI JIAO TONG UNIVERSITY PRESS

内容提要

本书共七章,内容主要包括C语言概述,数据类型及基本输入输出,结构化程序设计之一选择结构,循环结构和函数,系统中的数组与指针等。本书内容由浅入深,概念清晰,通俗易懂,有足够多的案例可以让学生进行实践和提高,培养编程的思维和能力。

本书可以作为职业院校应用电子类学生专业教材,也可作为从事电子产品开发的技术人员的参考用书。

图书在版编目(CIP)数据

电子产品编程基础——C语言模块化教程 / 丁倩雯主编. —上海:上海交通大学出版社,2019
ISBN 978-7-313-20888-0

Ⅰ. ①电… Ⅱ. ①丁… Ⅲ. ①C语言—程序设计
Ⅳ. ①TP312.8

中国版本图书馆CIP数据核字(2019)第015475号

电子产品编程基础——C语言模块化教程

主　　编:丁倩雯
出版发行:上海交通大学出版社　　　　　　地　　址:上海市番禺路951号
邮政编码:200030　　　　　　　　　　　电　　话:021—64071208
印　　制:江苏凤凰数码印务有限公司
开　　本:787mm×1092mm　1/16　　　　经　　销:全国新华书店
字　　数:227千字　　　　　　　　　　　印　　张:9.5
版　　次:2019年2月第1版　　　　　　　印　　次:2019年2月第1次印刷
书　　号:ISBN 978-7-313-20888-0/TP
定　　价:39.00元

前　　言

　　C 语言伴随着 UNIX 的发展而诞生，并以其概念简洁、数据类型丰富、结构清晰、表达能力强、功能强大、书写灵活等优势，迅速在程序设计领域普及。C 语言的模块化、结构化特性使其可以满足现代程序设计的需要，它既可以用于书写系统软件，也可用于书写应用软件，还广泛应用于嵌入式系统开发。正因为如此，C 语言成为当今软件开发领域中广泛应用的一种语言，也是高职高专电子类专业学生的一门非常重要的专业必修课程。

　　C 语言课程的目的是培养学生的编程基本思想、编程基本技能及逻辑思维能力，掌握运用 C 语言编程来解决岗位工作中实际问题的方法和步骤，为提高职业能力和拓展职业空间打下坚实基础，是进一步学习单片机、虚拟仪器及进行嵌入式开发的基础。对于从未接触过程序语言的读者来说，一本具有丰富实例和详细解答的指导书是不可缺少的。本书精心选择了有代表性的 C 语言实例，主要针对 C 语言的基本操作语句和基本应用，给出了实际应用中常见问题的解决方案和解决模式。本书的实例尽量求简，通过简单的编程实现直接反映 C 语言的应用技巧，把大篇幅的理论介绍化简为零，分布在各个实例中。让读者学习用编程的思维解决实际问题，引导他们将原有知识作为基础，与新知识进行有机的结合，然后应用到问题的解决过程中去。

　　本书共分为 7 章。第 1 章介绍了 C 语言的基本概念和 C 程序的基本构成。第 2 章介绍了 C 语言的数据类型、运算符及其特性，并阐述了数据的输入和输出函数。第 3 章介绍了结构化程序设计的选择结构，介绍了选择结构的典型运算符及其语句。第 4 章介绍了结构化程序设计的循环结构，重点介绍了循环结构的典型语句。第 5 章介绍了用函数进行结构化程序设计的基本方法，重点描述模块的划分和函数之间数据的传递。第 6 章对 C 语言的数组进行了阐述，重点介绍了一维数组和字符数组。第 7 章介绍了通过指针访问数据的方法，重点描述了指针变量、字符串的指针和指针在数组中的应用。为了配合学习，各章均配有一定数量的习题，供读者巩固使用。

　　本书由丁倩雯主编，并编写了模块 1、模块 4、模块 5 及附录，史萍编写了模块 3 及模块 6，陈欢编写了模块 2 及模块 7。全书由丁倩雯负责统稿，由魏煊同学协助验证书中的例程。感谢无锡德科立光电科技有限公司的陶峰工程师参与本书的开发，并提供了大量素材和宝贵意见。由于作者水平有限，书中存在的不足和错误，恳请专家同行批评指正。

编　者

2018 年 8 月

目　　录

模块1 C语言概述

技能目标

(1)能使用一种 C 语言编译工具进行简单程序的编译与运行调试。

(2)能使用流程图或 N-S 图对程序进行算法描述。

知识目标

(1)了解 C 语言的发展历史与结构特点。

(2)初步了解 C 程序的组成和基本要素。

(3)了解算法的概念,熟练掌握流程图和 N-S 图的绘制方法。

(4)学习 C 语言程序常用编译软件的操作。

1.1 C 语言的发展历史及现状

1.1.1 什么是编程语言

每个人从婴儿时期开始学习语言,父母教我们如何开口表达自己的意思,也教我们如何理解别人的意思。经过长时间的环境熏陶和自我练习,我们慢慢地能听懂其他人说话的意思,同时也学会了说话。我们说的是汉语,用它来和周围的人交流,表达我们的意愿。汉语有固定的格式,每个汉字代表的意思不同,必须正确地表达,别人才能理解。例如让父母给 10 元钱买书,我们可以说:"妈妈给我 10 块钱吧,我要买一本书。"但是如果说"要买吧 10 块给我钱书妈妈",这句话就无法被别人理解了。

因此,我们通过有固定格式和固定词汇的"语言"来与他人交流。语言有很多种,包括汉语、英语、法语、韩语等,虽然这些语言的词汇和格式都不一样,但是同样可以达到交流和沟通的目的。

同样,我们也可以通过"语言"来和计算机或者智能系统进行交流,让它们实现特定的功能,这样的语言就叫作编程语言(Programming Language)。

编程语言也有固定的格式和词汇,我们必须经过大量的学习和实践才能真正掌握。编程语言有很多种,常用的有 C 语言、C++、Java、C#、PHP、JavaScript 等,每种语言都有自己擅长的方面,例如:

C 语言和 C++ 主要用于 PC 软件开发、底层开发、单片机和嵌入式系统。

Java 和C# 不但可以用来开发软件,还可以用来开发网站后台程序。

PHP 主要用来开发网站后台程序。

JavaScript 主要负责网站的前端工作(现在也有一些公司使用 Node. js 开发网站后台)。

另外,Python 为新近最流行的编程语言,它可以用于系统编程、图形处理、开发分布式应用程序、编写游戏软件以及编写简单爬虫方便快捷地批量抓取网络资源。

可以将不同的编程语言比喻成各国语言,为了表达同一个意思,可能使用不同的语句。例如,表达"我爱你"的意思:

汉语:我爱你!

英语:I love you!

法语:Je t'aime!

韩语:사랑해요!

1.1.2　C 语言的发展

C 语言是在 70 年代初问世的。1978 年由美国电话电报公司(AT&T)贝尔实验室正式发表了 C 语言。同时由布莱恩·科尔尼(B. W. Kernighan)和丹尼斯·里奇(D. M. Ritchit)出版了著名的《C 程序设计语言》(*The C Programming Language*)一书。通常简称为《K&R》,也有人称之为《K&R》标准。C 语言的诞生是现代程序语言革命的起点。丹尼斯·里奇被称为"C 语言之父"。但是,在《K&R》中并没有定义一个完整的标准 C 语言,后来由美国国家标准协会(American National Standards Institute)在此基础上制定了一个 C 语言标准,于 1983 年发表,通常称之为 ANSI C。

早期的 C 语言主要是用于 UNIX 操作系统。由于 C 语言的强大功能和各方面的优点逐渐为人们认识,到了 20 世纪 80 年代,C 语言开始进入其他操作系统,并很快在各类大、中、小和微型计算机上得到广泛的使用,成为当代最优秀的程序设计语言之一。

C 语言大事记:

1977 年,为了推广 UNIX 操作系统,Dennis M. Ritchie 发表了不依赖于具体机器系统的 C 语言编译文本《可移植的 C 语言编译程序》。

1978 年,Brian W. Kernighian 和 Dennis M. Ritchie 出版了名著 *The C Programming Language*,从而使 C 语言成为目前世界上使用最广泛的高级程序设计语言。

1988 年,随着微型计算机的日益普及,出现了许多 C 语言版本。由于没有统一的标准,使得这些 C 语言之间出现了一些不一致的地方。为了改变这种情况,美国国家标准研究所(ANSI)为 C 语言制定了一套 ANSI C 标准,成为现行的 C 语言标准。

1.2　几个简单的 C 语言程序

为了说明 C 语言源程序结构的特点,先看以下几个程序。这几个程序由简到难,表现了 C 语言源程序在组成结构上的特点。可以先从这些例子中了解组成一个 C 程序的基本要素和书写格式。

【例 1.1】著名的 hello world 程序。

```
#include<stdio.h>
main()
{
    printf("hello,world! \n");
}
```

注意:(1)main 是函数名,表示这是一个主函数。每一个 C 语言源程序都必须有,且只能有一个主函数(main 函数)。

(2)printf 也是一个函数,它的功能是把要输出的内容送到显示器显示。

printf 函数是一个由系统定义的标准函数,可在程序中直接调用,前提是需要将该函数所在的头文件 stdio.h 包含在程序中,即例题中的第一句话 #include<stdio.h>就是在完成这个头文件包含的过程。

【例 1.2】求正弦值程序。

```
#include<math.h>          //include 称为文件包含命令
#include<stdio.h>         //扩展名为.h 的文件称为头文件
main()
{
    double x,s;           //定义两个实数变量,供后面程序计算使用
    printf("input number:\n");    //显示提示信息
    scanf("%lf",&x);      //从键盘获得一个实数 x
    s=sin(x);            //求 x 的正弦,并把它赋给变量 s
    printf("sine of %lf is %lf\n",x,s);//显示程序运算结果
}
```

该程序的功能是从键盘输入一个数 x,计算 x 的正弦值,然后将结果输出至屏幕。在 main()之前的两行以 # 开头的语句称为预处理命令,这里的 include 称为文件包含命令,其意义是把尖括号<>或引号" "内指定的文件包含到本程序来,成为本程序的一部分。被包含的文件通常是由系统提供的,其扩展名为.h。因此也称为头文件或首部文件。C 语言的头文件中包括了各个标准库函数的函数原型。因此,凡是在程序中调用一个库函数时,都必须包含该函数原型所在的头文件。在本例中,使用了三个库函数:输入函数 scanf,正弦函数 sin,输出函数 printf。sin 函数是数学函数,其头文件为 math.h 文件,因此在程序的主函数前用 include 命令包含了 math.h。scanf 和 printf 是标准输入输出函数,其头文件为 stdio.h,在主函数前也用 include 命令包含了 stdio.h 文件。

在例题中的主函数体中又分为两部分,一部分为说明部分,另一部分为执行部分。

说明是指变量的类型说明。C 语言规定,源程序中所有用到的变量都必须先说明,后使用,否则将会出错,这是编译型高级程序设计语言的一个特点。说明部分是 C 源程序结构中很重要的组成部分。本例中使用了两个变量 x,s,用来表示输入的自变量和 sin 函数值。由于 sin 函数要求这两个量必须是双精度浮点型,故用类型说明符 double 来说明这两个变量。说明部分后的四行为执行部分或称为执行语句部分,用以完成程序的功能。执行部分的第一行是输出语句,调用 printf 函数在显示器上输出提示字符串,请操作人员输入自变量 x 的值。第二行为输入语句,调用 scanf 函数,接受键盘上输入的数并存入变量 x 中。第三行是调用 sin 函数并把函数值送到变量 s 中。第四行是用 printf 函数输出变量 s 的值,即 x 的正弦值。

运行本程序时,首先在显示器屏幕上给出提示串 input number,这是由执行部分的第一行完成的。用户在提示下从键盘上键入某一数,如 5,按下回车键,接着在屏幕上给出计算结果。

1.2.1 C 程序基本元素

1.关键字

关键字是在 C 程序中具有特定含义的字,ANSI C 标准 C 语言共有 32 个关键字,分为以下几类(见表 1-1)。

表 1-1　ANSI C 标准 C 语言的分类

序号	功能	数量	具体关键字
1	与数据类型有关	14 个	char、int、float、double、signed、unsigned、short、long、void、struct、union、typedef、enum、sizeof
2	与存储类别有关	4 个	auto、extern、register、static
3	与程序结构控制有关	12 个	do、while、for、if、else、switch、case、default、goto、continue、break、return
4	其他	2 个	const、volatile

还有一些字专用于程序的预处理命令中,虽然不是关键字,但一般也将它们看成有独特意义的保留字,如:♯include、♯define、♯ifdef、♯undef、♯endif、♯elif。

2.用户标识符

标识符就是用来标识变量名、符号常量名、函数名、数组名、数据类型名、宏以及文件名等的有效字符序列。简单地说,标识符就是一个名字,这个名字是由程序员根据需要自行定义的。

命名规则如下:

(1)标识符只能由字母、数字和下划线 3 种字符组成,且第一个字符必须为字母或下划线。变量名、函数名等用小写字母标识,而符号常量用大写字母表示,函数名和外部变量名由小于 6 个字符的字符串组成,系统变量由下划线起头构成。

（2）在 C 语言中，大小写字母不等效。因此，a 和 A、I 和 i、Sum 和 sum 分别是不同的标识符。

（3）用户自定义的标识符不能与 C 语言的保留字（关键字）同名，也不能和 C 语言库函数同名。

（4）标识符应当直观且可以拼读，让读者看了就能了解其用途。标识符最好采用英文单词或其组合，不要太复杂，且用词要准确，便于记忆和阅读。

（5）在 C 语言中，标识符的长度可以是一个或多个字符，但是只有前面 32 个字符有效，即系统能识别的标识符最大长度为 32。有的系统取 8 个字符，假如程序中出现的变量名长度大于 8 个字符，则只有前面 8 个字符有效，后面的不被识别。因此，为了程序的可移植性及阅读程序的方便，建议标识符的长度不要超过 8 个字符。

按照以上规则，我们可以非常明确的判定标识符的合法性。

合法的标识符：year、month、key、_gpioA0。

不合法的标识符：M. D、key♯、8P、for。

3. 功能符号

除了关键字和用户标识符以外，C 程序中还可以出现阿拉伯数字和各种运算符，在后续章节中将结合具体例题进行详细介绍。

1.2.2　C 程序的结构特点

（1）一个 C 语言源程序可以由一个或多个源文件组成。

（2）每个源文件可由一个或多个函数组成。

（3）一个源程序不论由多少个文件组成，都有一个且只能有一个 main 函数，即主函数。

（4）源程序中可以有预处理命令（include 命令仅为其中的一种），预处理命令通常应放在源文件或源程序的最前面。

（5）每一个说明、每一个语句都必须以分号结尾。但预处理命令，函数头和花括号"}"之后不能加分号。

（6）标识符，关键字之间必须至少加一个空格以示间隔。若已有明显的间隔符，也可不再加空格来间隔。

1.3　C 语言开发工具介绍

1.3.1　Dev-C++

Dev-C++ 是一个 Windows 环境下的一个轻量级 C/C++ 集成开发环境（IDE），开发环境包括多页面窗口、工程编辑器以及调试器等，在工程编辑器中集合了编辑器、编译器、连接程序和执行程序，提供高亮度语法显示的，以减少编辑错误，还有完善的调试功能,适合初学者,是学习 C 语言的入门级开发工具。Dev-C++软件图标如图 1-1 所示。

图 1-1　Dev-C++软件图标

应用 Dev-C++开发一个 C 语言程序的步骤如下:

(1)双击软件图标后,首次打开主界面可以选择使用软件时的首选语言,我们可以选择简体中文,如图 1-2 所示。选好语言后,单击 Next,进入如图 1-3 所示界面,选择编程风格,主要包括字体、颜色和图标。设置成功界面如图 1-4 所示。

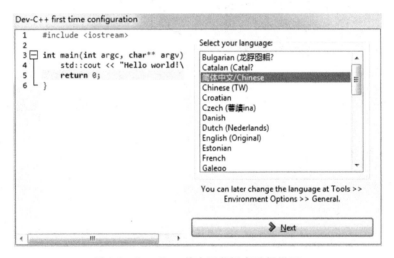

图 1-2　Dev-C++首次运行语言选择界面

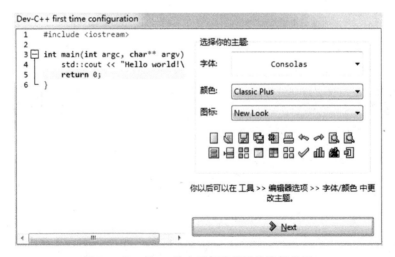

图 1-3　Dev-C++首次运行编程风格选择界面

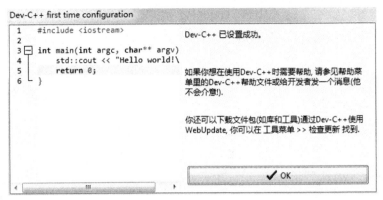

图 1-4 Dev-C++首次运行设置成功界面

（2）进入 Dev-C++软件主界面，如图 1-5 所示。该软件界面友好，分区明确，分为菜单栏、项目管理区和程序编辑区三大块。

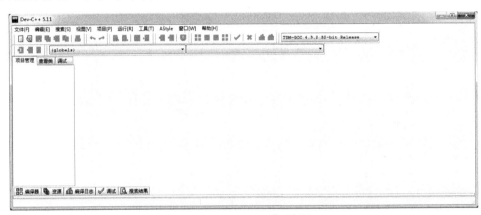

图 1-5 Dev-C++主界面

（3）创建一个空白的源代码文件。单击菜单栏的"文件"，鼠标移至"新建"，选择"源代码"，在程序编辑区就会出现一个空白的源代码文件，如图 1-6 所示。

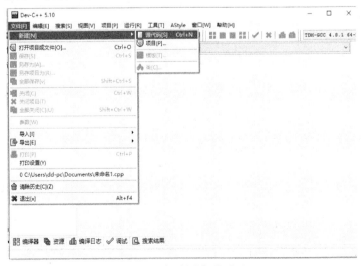

图 1-6 新建源代码页面

（4）程序编辑。在空白的源代码文件中输入程序，编译预处理和关键字等都会以不同颜色显示，帮助程序员减少代码输入错误，如图 1-7 所示。

图 1-7　程序编辑

（5）程序编译。程序编辑完成后，可以单击菜单栏的"运行"，选择"编译"，或者单击菜单栏上的快捷键 ，都可以直接对程序进行编译，如图 1-8 所示。

图 1-8　程序编译

编译的结果在代码文件下方的信息输出区中可以查看，如图 1-9 所示。

图 1-9　编译结果

（6）程序运行。程序编译完成后，如无错误和警告，可以运行查看结果。单击菜单栏的"运行"，选择"运行"，或者直接点击快捷键 <u>　　　</u>，可以直接运行程序，如图 1-10、图 1-11所示。

图 1-10　程序运行

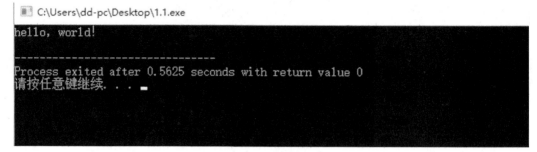

图 1-11　程序执行结果

1.3.2　Microsoft Visual C++ 6.0

Microsoft Visual C++（简称 Visual C++、MSVC、VC++ 或 VC）是 Microsoft 公司推出的以 C++ 语言为基础开发的 Windows 环境程序，面向对象的可视化集成编程系统。其软件图标如图 1-12 所示。

图 1-12　VC6 软件图标

（1）双击软件图标，打开 Microsoft Visual C++ 6.0 后，初始界面如图 1-13 所示。

图 1-13　VC6 软件运行初始界面

（2）创建一个新的工程。一个工程可以包含一个或者多个源文件，源文件就是程序源代码文件，创建工程是为了把相关的文件组织到一起，方便管理。初学时，一个工程一般只包含一个源文件,伴随着学习的深入,我们会用到更复杂的工程。新建工程页面如图 1-14 所示。创建工程的方法有两种,第一种可以点击菜单栏的 File,从下拉菜单中的 New 二级子菜单继续选择 Project,选择 Win32 Console Application,自定义工程名称和保存位置,如图 1-15 所示。

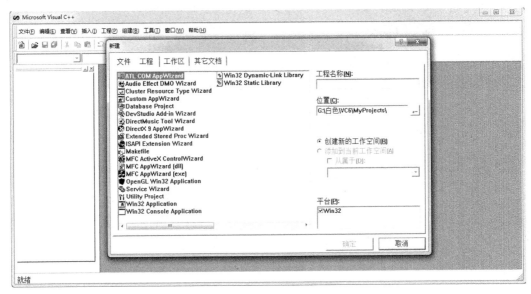

图 1-14　打开新建工程页面

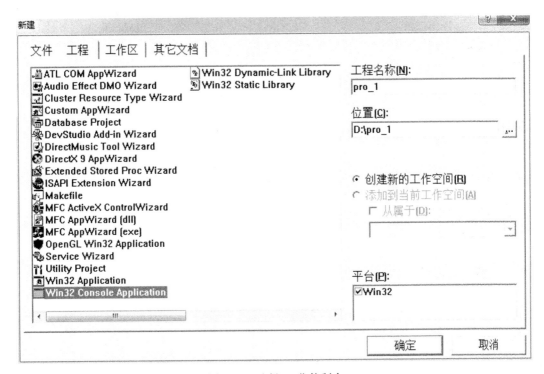

图 1-15　选择 32 位控制台

单击"确定"按钮,进入下一步骤,如图 1-16 所示,默认建立一个空工程。

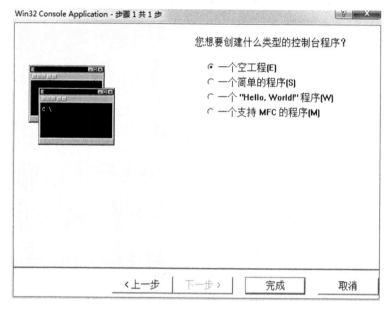

图 1-16　默认建立一个空工程

单击"完成"按钮,出现"工程信息"页面,如图 1-17 至图 1-19 所示。

图 1-17　工程骨架说明

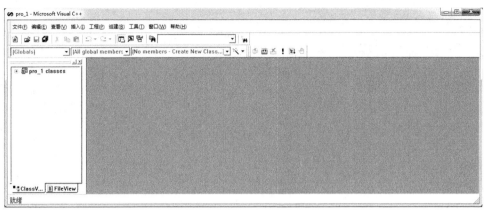

图 1-18　新工程建立完毕界面

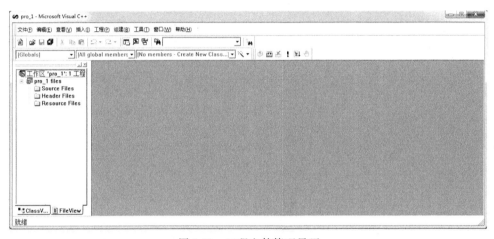

图 1-19　工程文件管理界面

（3）打开"文件"菜单，执行"新建"—"文件"—"C++ Source File"命令，自定义文件名，并选择"添加到工程"选项，如图 1-20 所示。

（4）程序编辑：在新建好的文件中输入程序代码，如图 1-21 所示。

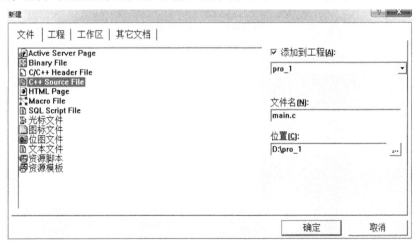

图 1-20　新建源程序文件

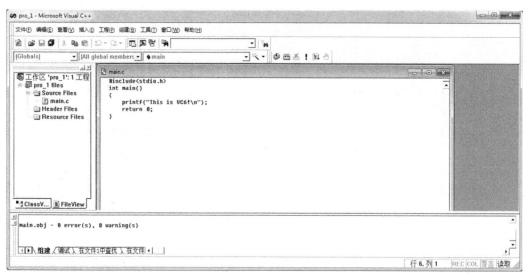

图 1-21　输入程序代码

　　(5)编译:单击图 1-22 中最左边的"编译"按钮,对程序进行编译。程序的编译结果会在如图 1-23 所示的窗口显示,要没有错误才可以进行链接,单击图 1-22 中左边第二个图标。

图 1-22　编译运行的快捷键

图 1-23　编译结果显示

　　(6)运行:程序经过编译和链接后生成.exe 文件,就可以运行了。单击图 1-22 中红色感叹号图标,运行程序,得到如图 1-24 所示界面。

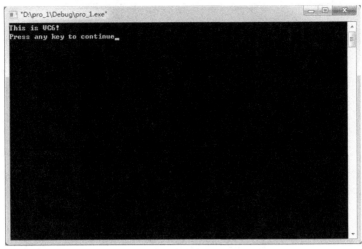

图 1-24　程序运行界面

1.4　算法的概念

一个完整的程序应包括：

(1)对数据的描述。在程序中要指定数据的类型和数据的组织形式,即数据结构 (data structure)。

(2)对操作的描述。即操作步骤,也就是算法(algorithm)。

Nikiklaus Wirth 提出的公式:数据结构＋算法＝程序。

做任何事情都有一定的步骤,为解决一个问题而采取的方法和步骤,就称为算法。

计算机算法可分为两大类:

(1)数值运算算法:求解数值。

(2)非数值运算算法:事务管理领域。

算法有如下特性:

(1)有穷性:一个算法应包含有限的操作步骤而不能是无限的。

(2)确定性:算法中每一个步骤应当是确定的,而不能应当是含糊的、模棱两可的。

(3)有零个或多个输入。

(4)有一个或多个输出。

(5)有效性:算法中每一个步骤应当能有效地执行,并得到确定的结果。

(6)对于程序设计人员,必须会设计算法,并根据算法写出程序。

【例 1.3】求 $1 \times 2 \times 3 \times 4 \times 5$。

最原始方法:

步骤 1,先求 1×2,得到结果 2。

步骤 2,将步骤 1 得到的乘积 2 乘以 3,得到结果 6。

步骤 3,将 6 再乘以 4,得 24。

步骤 4,将 24 再乘以 5,得 120。

这样的算法虽然正确,但太繁琐。

改进后的算法如下,以 S_+ 数字表示步骤的顺序。

S_1,使 $t=1$

S_2,使 $i=2$

S_3,使 $t \times i$,乘积仍然放在变量 t 中,可表示为 $t \times i \to t$

S_4,使 i 的值 $+1$,即 $i+1 \to i$

S_5,如果 $i \le 5$,返回重新执行步骤 S_3 以及其后的 S_4 和 S_5;否则,算法结束。

思路拓展: 如果计算 100! 只需将 S_5:若 $i \le 5$ 改成 $i \le 100$ 即可。

如果改成求 $1 \times 3 \times 5 \times 7 \times 9 \times 11$,算法也只需做很少的改动:

S_1,$1 \to t$

S_2,$3 \to i$

S_3,$t \times i \to t$

S_4,$i+2 \to t$

S_5,若 $i \le 11$,返回 S3,否则,结束。

该算法不仅正确,而且是计算机较好的算法,因为计算机是高速运算的自动机器,实现相同操作的循环轻而易举。

【例1.4】 有 50 个学生,要求将他们之中成绩在 80 分以上的打印出来。

如果 n 表示学生学号,n_i 表示第 i 个学生学号;g 表示学生成绩,g_i 表示第 i 个学生成绩;则算法可表示如下:

S_1:$1 \to i$

S_2:如果 $g_i \ge 80$,则打印 n_i 和 g_i,否则不打印

S_3:$i+1 \to i$

S_4:若 $i \le 50$,返回 S_2,否则,结束。

【例1.5】 判定 2000 年—2500 年中的每一年是否闰年,将结果输出。

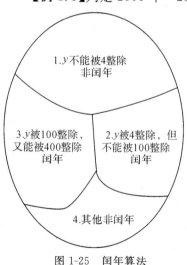

图 1-25　闰年算法

闰年的条件:

(1)能被 4 整除,但不能被 100 整除的年份。

(2)能被 100 整除,又能被 400 整除的年份。

设 y 为被检测的年份,则算法可表示如下:

S_1:$2000 \to y$

S_2:若 y 不能被 4 整除,则输出 y"不是闰年",然后转到 S_6

S_3:若 y 能被 4 整除,不能被 100 整除,则输出 y"是闰年",然后转到 S_6

S_4:若 y 能被 100 整除,又能被 400 整除,输出 y"是闰年",否则输出 y"不是闰年",然后转到 S_6

S_5：输出 y "不是闰年"

S_6：$y+1 \to y$

S_7：当 $y \leqslant 2500$ 时，返回 S_2 继续执行，否则，结束。

将闰年算法表示如图 1-25 所示。

【例 1.6】求 $1 - \dfrac{1}{2} + \dfrac{1}{3} - \dfrac{1}{4} + \cdots + \dfrac{1}{99} - \dfrac{1}{100}$。

算法可表示如下：

S_1：sigh＝1

S_2：sum＝1

S_3：deno＝2

S_4：sigh＝(－1)×sigh

S_5：term＝sigh×(1/deno)

S_6：term＝sum＋term

S_7：deno＝deno＋1

S_8：若 deno≤100，返回 S_4；否则，结束。

【例 1.7】对一个大于或等于 3 的正整数，判断它是不是一个素数。

算法可表示如下：

S_1：输入 n 的值

S_2：i＝2

S_3：n 被 i 除，得余数 r

S_4：如果 $r＝0$，表示 n 能被 i 整除，则打印 n "不是素数"，算法结束；否则执行 S_5

S_5：$i+1 \to i$

S_6：如果 $i \leqslant n-1$，返回 S_3；否则打印 n "是素数"；然后算法结束。

改进：

S_6：如果 $i \leqslant \sqrt{n}$，返回 S_3；否则打印 n "是素数"；然后算法结束。

1.5 算法的描述方法

1.5.1 用自然语言表示算法

自然语言，就是指人们日常使用的语言，可以是汉语、英语或其他语言。用自然语言表示的优点是通俗易懂，缺点是文字冗长，容易出现"歧义性"。

前一节内容中的例题的解决方法，用的就是自然语言来进行描述。

除了很简单的问题，程序算法一般不用自然语言表示。

1.5.2 用流程图表示算法

1.流程图的定义

以特定的图形符号加上说明，表示算法的图，称为算法流程图。以流程图表示算法，直观形象,易于理解。

2.流程图的基本元素

美国国家标准化协会 ANSI 曾规定了一些常用的流程图符号,为世界各国程序工作者普遍采用。最常用的流程图符号如图 1-26 所示。

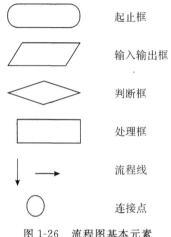

起止框

输入输出框

判断框

处理框

流程线

连接点

图 1-26　流程图基本元素

起止框(圆弧形框),表示流程开始或结束。

输入输出框(平行四边形框),表示数据的输入或者输出。

判断框(菱形框),表示对一个给定的条件进行判断,根据给定的条件是否成立决定如何执行其后的操作。它有一个入口,两个出口。

处理框(矩形框),表示一般的处理功能。

流程线(指向线),表示流程的路径和方向。

连接点(圆圈),用于将画在不同地方的流程线连接起来。用连接点,可以避免流程线的交叉或过长,使流程图清晰。

程序框图表示程序内各步骤的内容以及它们的关系和执行的顺序。它说明了程序的逻辑结构。框图应该足够详细,以便可以按照它顺利地写出程序,而不必在编写时临时构思,甚至出现逻辑错误。流程图不仅可以指导编写程序,而且可以在调试程序中用来检查程序的正确性。如果框图是正确的而结果不对,则按照框图逐步检查程序是很容易发现其错误的。

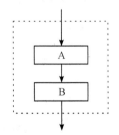

图 1-27　顺序结构流程

3.流程图的三种基本结构

(1)顺序结构:顺序结构是最简单的一种基本结构。如图 1-27所示的虚线框内,A 和 B 两个框是按照先后顺序依次执行的。

(2)选择结构:如图 1-28 所示的虚线框中包含一个判断框。根据给定的条件 P 是否成立而选择执行 A 和 B。P 条件可以是"$x>0$"或"$x>y$"等。注意,无论 P 条件是否成立,只能执行 A 或 B 之一,不可能既执行 A 又执行 B。无论走哪一条路径,在执行完 A 或 B 之后将脱离选择结构。A 或 B 两个框中可以有一个是空的,即不执行任何操作。

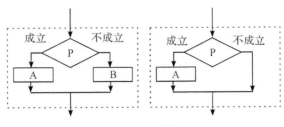

图 1-28 选择结构流程

(3)循环结构:又称重复结构,即反复执行某一部分的操作,如图 1-29 所示。有两类循环结构:

①当型(While):当给定的条件 P 成立时,执行 A 框操作,然后再判断 P 条件是否成立。如果仍然成立,再执行 A 框,如此反复直到 P 条件不成立为止。此时,不执行 A 框而脱离循环结构。

②直到型(Until):先执行 A 框,然后判断给定的 P 条件是否成立。如果 P 条件不成立,则再执行 A,然后再对 P 条件作判断。如此反复直到给定的 P 条件成立为止。此时脱离本循环结构。

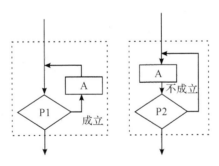

图 1-29 循环结构流程

两种循环结构的异同:两种循环结构都能处理需要重复执行的操作;当型循环是"先判断(条件是否成立),后执行(A 框)"。而直到型循环则是"先执行(A 框),后判断(条件)";当型循环是当给定条件成立满足时执行 A 框,而直到型循环则是在给定条件不成立时执行 A 框。

4.三种基本结构的共同特点

(1)只有一个入口。

(2)只有一个出口。

(3)结构内的每一部分都有机会被执行到。

（4）结构内不存在"死循环"。

【**例 1.8**】将求 5! 的算法用流程图表示。

5! 的算法流程如图 1-30 所示。

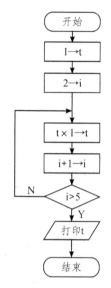

图 1-30　例 1.8 流程图

【**例 1.9**】将例 1.4 的算法用流程图表示。

例 1.4 的算法流程如图 1-31 所示。

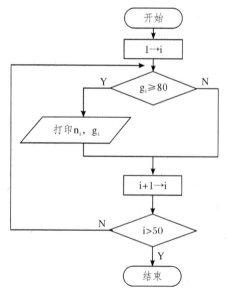

图 1-31　例 1.9 流程图

【**例 1.10**】将判定闰年的算法用流程图表示。

闰年的算法如图 1-32 所示。

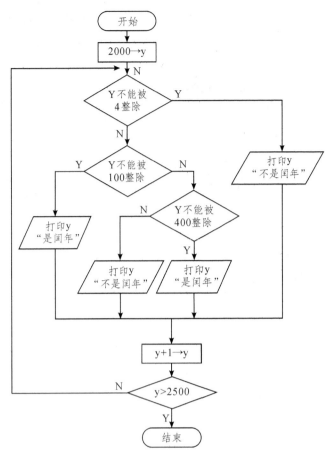

图 1-32 例 1.10 流程图

1.5.3 用 N-S 流程图表示算法

1973 年美国学者提出了一种新型流程图：N-S 流程图。在这种流程图中，完全去掉了带箭头的流程线。全部算法写在一个矩形框内。在该框内还可以包含其他的从属于它的框，即可由一些基本的框组成一个大的框。这种适于结构化程序设计的流程图称为 N-S 结构化流程图，它用图 1-33 所示的流程图符号：

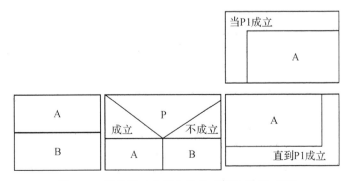

图 1-33 N-S 图三大基本结构：顺序、选择、循环

N-S图表示算法的优点是:比传统流程图紧凑易画,尤其是它废除了流程线。整个算法结构是由各个基本结构按顺序组成的,其上下顺序就是执行时的顺序。写算法和看算法只需从上到下进行就可以了,十分方便。

【例1.11】将例1.4的算法用N-S流程图表示。

例1.4的算法N-S流程如图1-34所示。

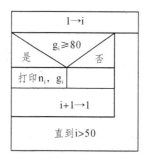

图1-34　例1.11算法N-S图

该图与例1.7中表示的是同一个流程,但N-S流程图的结构比普通流程图要精简很多,去掉了流程线后,所有步骤的相互关系也更加明确。

课后练习题

1.选择题

(1)以下四个用户标识符中,正确的是(　　　)。

　A. KEY♯　　　　　　B. _led　　　　　　C. 3d　　　　　　D. while

(2)以下描述中正确的是(　　　)。

　A. C程序的执行是从main函数开始,到本程序的最后一个函数结束

　B. C程序的执行是从第一个函数开始,到本程序的最后一个函数结束

　C. C程序的执行是从main函数开始,到本程序的main函数结束

　D. C程序的执行时从第一个函数开始,到本程序的main函数结束

(3)C语言源程序文件的扩展名是(　　　)。

　A. .c　　　　　　　B. .h　　　　　　　C. .obj　　　　　　D. .exe

(4)下列单词属于C语言关键字的是(　　　)。

　A. While　　　　　B. union　　　　　C. define　　　　　D. for

2.填空

(1)main是函数名,表示这是一个_____。

(2)每一个C源程序都必须有,且只能有一个_____。

(3)include称为_____,其意义是_____。

(4)凡是在程序中调用一个库函数时,都必须_____。

(5) C 语言源程序文件的扩展名是 _____;经过编译后,所生成的文件扩展名是 _____;经过链接后,生成的文件扩展名为 _____。

3. 简答题

(1) 什么是算法?请从日常生活中举出 3 个例子,并描述它们的算法。

(2) 用传统流程图和 N-S 流程图分别表示以下问题的算法:

　　① 求 $1+2+3+4+\cdots\cdots+100$ 的和。

　　② 判断一个数 n 能否同时被 3 和 5 整除。

模块 2　数据类型及基本输入输出

2.1　基本数据类型

程序中使用的各种变量都应预先加以说明，即先说明，后使用。对变量的说明可以包括三个方面：数据类型、存储类型、作用域。

所谓类型，就是对数据分配存储单元的安排，包括存储单元的长度（占多少字节）以及数据的存储形式。不同的类型分配不同的长度和存储形式。

C 语言提供了多种数据类型，如图 2-1 所示。

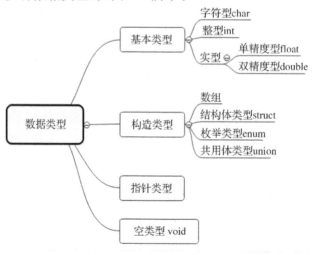

图 2-1　C 语言的数据类型

其中字符型、整型、实型(浮点型)和空类型由系统预先定义,又称标准类型。

基本类型的数据又可分为常量和变量,它们可与数据类型结合起来分类,可分为整型常量、整型变量、实型(浮点型)常量、实型(浮点型)变量、字符常量、字符变量、枚举常量、枚举变量。

2.2 常量

2.2.1 常量的含义及分类

按照取值是否可改变,基本数据类型量分为常量和变量两种。在程序执行过程中,取值不发生改变的量称为常量。常量一般可以与数据类型结合起来分类,可分为整型常量、实型常量、浮点常量、字符串常量、符号常量、枚举常量等。

在程序中,常量是可以不经说明而直接引用的,因为常量的本身就隐含了它的类型。C 语言中有 4 种基本常量:整型常量、实型常量、字符常量和字符串常量。此外,C 语言中还经常使用两种表现形式不同的常量:转义字符常量和符号常量。

2.2.2 整型常量

整型常量也称整数,包括正整数、负整数和零。如 100,2 345,0,—123 等都是整型常量。

C 语言中,整型常量可以用十进制、八进制、十六进制表示。

2.2.3 实型常量

实型常量即实数,又称浮点数,是以十进制方式表示的实数,有两种表示形式:小数形式和指数形式。

(1)十进制小数形式,由数字和小数点组成。如:3.121 59,13.0,123.45,1.0,—12.34。

(2)指数形式,由十进制形式的常量和指数部分组成。如 12.34e3(代表 12.34×10^3),1.23E—2(代表 1.23×10^{-2})等。由于在计算机输入或输出时,无法表示上角或下角,故规定以字母 e 或 E 代表以 10 为底的指数。注意:e 或 E 之前必须有数字,且 e 或 E 后面必须为整数,如不能写成 e4,12e2.5。

2.2.4 字符常量

字符常量是用一对单引号括起来的一个字符。例如'a','b','A','B','?'都是合法的字符常量。在 C 语言中,字符常量有以下特点:

(1)字符常量只能用单引号括起来,不能用双引号或其他括号。单引号只是字符与其他部分的分隔符,或者说是字符常量的定界符,不是字符常量的一部分,当输出一个字符常量时不输出此撇号。

(2)字符常量只能是单个字符,不能是字符串。

(3)数字被定义为字符型之后就不再作为数字,不能参与数值运算。

（4）单引号内不能是单引号或"\"，如 `'\'` 不是合法的字符常量。

2.2.5 转义字符

转义字符是一种特殊的字符常量。转义字符以反斜线"\"开头，后跟一个或几个字符。转义字符具有特定的含义，不同于字符原有的意义，所以称为"转义"字符。例如，在前面提到的"\n"就是一个转义字符，其意义是"回车换行"。转义字符主要用来表示那些用一般字符不便于表示的控制代码（ASCII 中的不可打印字符）。转义字符如表 2-1 所示。

表 2-1　转义字符一览表

转义字符形式	意 义	转义字符形式	意 义
\n	回车换行	\t	水平制表
\v	垂直制表	\b	退格
\r	回车	\t	走纸换页
\\	反斜线符(\)	\'	单引号
\a	鸣铃	\ddd	1～3 位八进制数所代表的字符
\"	双引号	\xhh	1～2 位十六进制数所代表的字符

表中\ddd 的 ddd 和\xhh 的 hh 分别为八进制和十六进制的 ASCII 代码。C 语言字符集中的任何一个字符均可用转义字符来表示。如\101 表示字母"A"，\102 表示字母"B"，\134 表示反斜线，\X0A 表示换行等。

转义字符除用来形成一个外设控制命令外，还用来输出不能直接从键盘上输入或不能用字符常量书写出的 ASCII 字符。这时要在反斜杠\后跟一个代码值，这个代码值最多用三位八进制码数（不加前缀）或两位十六进制数（以 x 作前缀）表示。

2.2.6 字符串常量

字符串常量是由一对双引号括起来的若干个字符，如"boy""123"等。字符串常量与字符常量之间主要有以下区别：

（1）引用符号不同：字符常量由单引号括起来，字符串常量由双引号括起来。

（2）容量不同：字符常量只能是单个字符，字符串常量则可以含一个或多个字符。

（3）赋给变量不同：可把一个字符常量赋予一个字符变量，但不能把一个字符串常量赋予一个字符变量。在 C 语言中没有相应的字符串变量。要存放一个字符串常量可以使用字符数组。

（4）占用内存空间大小不同：字符常量占 1 字节的内存空间。字符串常量占的内存字节数等于字符串中字节数加 1。增加的 1 字节中存放字符"\0"，这是字符串结束的标志。例如，字符常量'a'和字符串常量"a"虽然都只有一个字符，但占用的内存空间不同，所以"a"≠'a'。

2.2.7 符号常量

用一个标识符来表示的常量称为符号常量。有些数值经常会改变或有些数输入比较麻烦时,通过用符号常量可以实现"一改全改"。符号常量习惯上使用大写英文字母表示,以区别于一般用小写字母表示的变量。符号常量在使用之前必须先定义,其一般形式为:

 ♯**define 常量名常量值**

如:

 ♯define PI 3.1416   //注意行末没有分号

经过以上的指定后,本文件中从此行开始所有的 PI 都代表 3.1416。在对程序进行编译前,预处理器先对 PI 进行处理,把所有 PI 全部置换为 3.1416。这种用一个符号名代表一个常量的,称为符号常量。在预编译后,符号常量已全部变成字面常量(3.1416)。这样的好处是:如果要修改程序中的某个变量时,只要修改其定义命令即可,这使得程序的灵活性大大提高。

【例 2.1】计算并输出圆的面积。

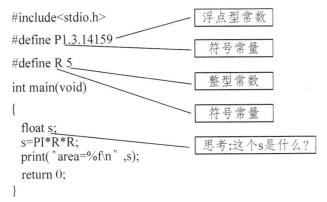

```
#include<stdio.h>                    浮点型常数
#define PI 3.14159                   符号常量
#define R 5                          整型常数
int main(void)                       符号常量
{
    float s;                         思考:这个s是什么?
    s=PI*R*R;
    print("area=%f\n",s);
    return 0;
}
```

本程序在主函数之前由宏定义命令定义 PI 为 3.14159,定义半径 R 为 5。若要修改半径值,只需要修改宏定义命令即可。

2.3 变量

2.3.1 变量的含义及分类

在程序执行过程中,取值可变的量称为变量。变量代表一个有名字的、具有特定属性的一个存储单元。它用来存放数据,也就是存放变量的值。在程序运行期间,变量的值是可以改变的。

变量必须要先定义,后使用。在定义时,指定该变量的名字和类型。每个变量都要一个名字来标识,称为变量名。变量一般也可以与数据类型结合起来分类,可分为整型变量、实型变量、字符变量、浮点变量、枚举变量等。

在程序中用来对变量、符号常量名、函数、数组、类型等命名的有效字符序列统称为标识符。简而言之,标识符就是一个对象的名字。

C语言规定标识符只能由字母、数字和下划线三种字符组成，第一个字符必须为字母或下划线，并且所用的名字不能与C语言系统所保留的关键字相同。

合法的变量名：sum，_total，month，Student_name，lotus_1，BASIC，li_ling。

不合法的标识符和变量名：M. D. John，123，3D64，a＞b。

注意：C编译系统中，区分大小写。如sum和SUM是两个不同的变量名。

变量的定义格式：

类型标识符变量名[，变量名，……]；

如：int a,b,c；

　　char ch；

　　unsigned int i；

在定义变量后，程序在链接时由系统为该变量在内存中分配存储空间。存储空间的大小是由类型标识符确定的。

2.3.2 整型变量

整型变量的类型由基本类型（int）、有符号（signed）、无符号（unsigned）、短整型（short）、长整型（long）及其组合来表示，包括以下类型。

有符号短整型：short、short int、signed short、signed short int。

无符号短整型：unsigned short、unsigned short int。

有符号整型：int、signed、signed int。

无符号：unsigned、unsigned int。

有符号长整型：long、long int、signed long、signed long int。

无符号整型：unsigned long、unsigned long int。

例如：int a,b；　　　　　　　/＊指定变量a、b为整型＊/

　　　unsigned short c,d；/＊指定变量c、d为无符号短整型＊/

　　　long e,f；　　　　　　/＊指定变量e、f为长整型＊/

2.3.3 实型变量

实型变量是指值为实数的变量，分为单精度（float）、双精度（double）和长双精度（long double）三类，如表2-2所示。

表2-2　实型变量一览表

类型	数据长度	数值范围
单精度（float）	32	$10^{-37} \sim 10^{38}$
双精度（double）	64	$10^{-307} \sim 10^{308}$
长双精度（long double）	80	$10^{-4\,931} \sim 10^{4\,932}$

实型变量的定义采用下面的格式：

实型说明符变量名列表；

例如：

float a,b,c;　　　　　/＊定义 a,b,c 为单精度实型＊/

double x,y;　　　　　/＊定义 x,y 为双精度实型＊/

long double z;　　　　/＊定义 z 为长精度实型＊/

由于存储位数是一定的,所以当数值的有效位数超过位数存储位数时,有效位数以外的数字将被舍去。

【例 2.2】实型变量的使用。

```
#include<stdio.h>
void main ()
{
    float a,b;
    a=987654321;
    b=a+30;
    printf("%f",b);
}
```

程序运行结果如下：

987654366.000000

提醒:由上例可知,应当避免将一个很大的数字和一个很小的数直接相加或相减,否则就会丢失小的数。

2.3.4 字符变量

字符变量用来存放字符常量,只能存放一个字符。字符变量的定义采用下面的格式：

char 变量名列表；

例如：

char c1,c2;　　　　　　/＊定义 ch1,ch2 为字符型变量＊/

字符变量的值并不是字符本身,而是该字符对应的二进制 ASCII 码。

C 语言允许在定义变量的同时给变量直接赋值,其格式为：

类型标识符变量名＝初值[,变量名＝初值,……];

在定义变量时可以对全部变量初始化,也可以对部分变量初始化。但要注意,初值的类型与变量的类型要一致。

例如:int a=6;　　　　　/＊定义变量 a 的类型为整型,初始值为 6＊/

　　int a,b,c=5;　　　　/＊表示指定 a、b、c 为整型变量,但只对 c 初始化,c 的初值为 5＊/

　　int a=3,b=3,c=3;　/＊表示 a、b、c 的初值都是 3＊/

注意:不能写成 int a=b=c=3;

2.4 数据运算符及其表达式

2.4.1 算术运算符及其表达式

C语言的算术运算符包括基本算术运算符与自反、自增、自减运算符。

1.基本算术运算符

C语言的基本算术运算符如表2-3所示。

表2-3 C语言基本算术运算符

运算符	含义	举例	结果
＋	正号运算符（单目运算符）	＋a	a 的值
－	负号运算符（单目运算符）	－a	a 的算数负值
*	乘法运算符	a * b	a 和 b 的乘积
/	除法运算符	a/b	a 除以 b 的商
%	求余运算符	a%b	a 除以 b 的余数
＋	加法运算符	a＋b	a 和 b 的和
－	减法运算符	a－b	a 和 b 的差

2.自增、自减运算

自反算术赋值运算中有两种特殊的情况：i＋＝1（即 i＝i＋1）和 i－＝1（即 i＝i－1）这是两种常用的操作。把 i 称为计数器，用来记录完成某一工作的次数。C语言为它们专门提供了两个更简洁的运算符：i＋＋（或＋＋i）和 i－－或（－－i）。

i＋＋和 i－－称为后缀形式；＋＋i 和－－i 称为前缀形式。它们都被称为自加或自减运算符。例如，下面两段程序执行结果的 i 值都为 6，y 的值也都为 6。

```
int＝5;
x＝i＋＋;                /＊相当于 x＝i;i＝i＋1;＊/
y＝i;
```

运行结果：x＝5，y＝6，即后缀方式是"先引用后增值"

```
int i＝5;
x＝＋＋i;                /＊相当于 x＝i＝i＋1;＊/
y＝i;
```

运行结果：x＝6，y＝6，即前缀方式是"先增值后引用"

自加和自减运算符的结合方向是"自右至左"，例如：－i＋＋相当于－(i＋＋)，运算对象只能是整型变量而不能是表达式或常数，例如 5＋＋或(x＋y)＋＋都是不正确的。

3.算术表达式

算术表达式是用算术运算符将运算对象（常量、变量、表达式）连接起来的表达式。例如，3＋6＊9，a＋b 都是算术表达式。

当一个算术表达式中存在多个算术运算符时，要先算乘、除和取余，再计算加、减。

同级运算符的计算顺序是从左到右,即先计算左边的算术表达式,再计算右边的表达式。当然,也可以用圆括号改变表达式计算的先后顺序。

2.4.2 赋值运算符和赋值表达式

1. 基本赋值运算

基本赋值运算符为"＝"。由"＝"连接的式子称为赋值表达式,它的功能是将赋值符号右边表达式的值赋给赋值符号左边的变量,与数学中的等式不同。

其一般形式为:

＜变量＞＝＜表达式＞

例如:x＝a＋b;

        w＝sin(a)＋sin(b);

赋值运算符为双目运算符。赋值运算符的优先级仅高于逗号运算符,低于其他所有的运算符。赋值运算符的结合性为右结合。由于赋值运算符的结合性,a＝b＝c＝d＝10 可理解为 a＝(b＝(c＝(d＝10)))。

赋值表达式也有类型转换的问题。当赋值运算符两边的数据类型不同时,系统会进行自动类型转换,把赋值符号右边的类型转换为赋值符号左边的类型。

赋值表达式的转换规则如下:

(1)实型(float,double)赋给整型变量时,只将整数部分赋给整型变量,舍去小数部分。如 int x;执行"x＝6.89"后,x 的值为 6。

(2)整型(int,short int,long int)赋给实型变量时,数值不变,但将整型数据以浮点形式存放到实型类型变量中,增加小数部分(小数部分的值为 0)。

如 float x;执行"x＝6"后,先将 x 的值 6 转换成 6.0,再存储到变量 x 中。

(3)字符型(char)赋给整型(int)变量时,由于字符型只占 1 字节,整型占 2 字节,所以 int 变量的高 8 位补的数与 char 的最高位相同,低 8 位为字符的 ASCII 码值。

(4)整型(int)赋给字符型(char)变量时,只把低 8 位赋给字符变量,同样 long int 赋给 int 变量时,也只把低 16 位赋给 int 变量。

由此可见,当右边表达式的数据类型长度比左边的变量定义的长度要长时,将丢失一部分数据。

2. 复合赋值运算符及其表达式

在赋值符"＝"之前加上其他双目运算符可构成复合赋值符。如＋＝,－＝,＊＝,/＝,％＝等。

例如:

a＋＝b;   /＊等价于 a＝a＋b＊/

a＊＝b＋3;   /＊等价于 a＝a＊(b＋3)＊/

a％＝b;   /＊等价于 a＝a％b＊/

复合赋值运算符的结合方向与赋值运算符一样,为"自右向左"。另外,它的优先级别较低,与赋值是同一级别。例如表达式语句:

c＝b＊＝a＋2;

相当于以下两个表达式语句:

b＝b＊(a＋2);

c＝b;

2.4.3 关系运算符

在程序中经常需要比较两个量的大小关系,以决定程序下一步的工作。比较两个量的运算符称为关系运算符。因此关系运算也称比较运算,通过对两个量进行比较,判断其结果是否符合给定的条件,若条件成立,则比较的结果为"真",否则就为"假"。

例如:若 $a＝8$,则 $a＞6$ 条件成立,其运算结果为"真";

若 $a＝-8$,则 $a＞6$ 条件不成立,其运算结果为"假"。

C语言提供了6种关系运算符,如表2-4所示。

表2-4　C语言的关系运算符

运算符	含义	对应的数学运算符	运算优先级
＞	大于	＞	
＞＝	大于等于	≥	
＜	小于	＜	优先级相同(较高)
＜＝	小于等于	≤	
＝＝	等于	＝	优先级相同(较低)
！＝	不等于	≠	

2.4.4 逻辑运算符及其表达式

1.逻辑运算符

C语言提供了3种逻辑运算符,分别是:

逻辑与:＆＆　　逻辑或:‖　　逻辑非:!

其中,＆＆ 和‖是双目运算符,即需要在运算符两边各有一个运算数才能构成表达式,如 a＆＆b,x‖y。

! 是单目运算符,只需要在运算符右边有一个运算数,如! a。

2.逻辑表达式

用逻辑运算符将其他元素连接起来的式子就是逻辑表达式。

如:(x＞1)＆＆(x＜10),(x＞1)‖(x＜-1)

逻辑表达式的值也是一个逻辑值,只有逻辑"真"和"假"这两种情况。C语言中以整数1表示逻辑真,以0来表示逻辑假。

例如:

(1)若 $x=4$,则! x 的值就为 0。因为 x 是非零的整数,被认为是逻辑真,对它进行非运算,得到的结果即为逻辑假,以 0 来表示该表达式的值。

(2)若 $x=5,y=7$,则 x&&y 的值为 1。因为 x 和 y 都是非零整数,被认为是逻辑真,因此两个逻辑真进行与运算的结果仍然为真,用 1 来表示。

由此可知,进行逻辑运算的对象可以是 0,1 或其他任何类型的数据,非 0 的数字参与逻辑运算时,均被认为是逻辑真,但逻辑表达式的值非 0 即 1,不可能有其他数值。

2.4.5 位运算符及其表达式

位运算是指按二进制进行的运算。在系统软件和嵌入式硬件系统开发中,常常需要处理二进制位的问题。这些运算符只能用于整型操作数,即只能用于带符号或无符号的 char,short,int 与 long 类型。

C 语言提供了 6 个位操作运算符。

1.按位与——&

如果两个相应的二进制位都为 1,则该位的结果值为 1,否则为 0。

按位与的用途:

(1)清零。若想对一个存储单元清零,即使其全部二进制位为 0,只要找一个二进制数,其中个位符合以下条件:

原来的数中为 1 的位,新数中相应位为 0。然后使二者进行 & 运算,即可达到清零目的。

例:原数为 43,即 00101011,设另一个数为 148,即 10010100,将两者按位与运算:

```
      00101011
  &   10010100
  ——————————————
      00000000
```

(2)取一个数中某些指定位。若有一个整数 a(2 字节),想要取其中的低字节,只需要将 a 与 8 个 1 按位与即可。

a:00101100 10101100

b:&00000000 11111111

————————————————————

c:00000000 10101100

(3)保留指定位。与一个数进行"按位与"运算,此数在该位取 1.

例如:有一数 84,即 01010100,想把其中从左边算起的第 3,4,5,7,8 位保留下来,运算如下:

```
      01010100
  &   00111011
  ——————————————
      00010000
```

即:a=84,b=59

c=a&b=16

2.按位或——|

两个相应的二进制位中只要有一个为1,该位的结果值为1。

应用:按位或运算常用来对一个数据的某些位定值为1。

例如:如果想使一个数 a 的低4位改为1,则只需要将 a 与 00001111 进行按位或运算即可。

3.按位异或——^

若参加运算的两个二进制位值相同则为0,否则为1。

应用:交换两个值,不用临时变量。

例如:a=3,即 00000011;b=4,即 00000100。想将 a 和 b 的值互换,可以用以下赋值语句实现:

a=a∧b;b=b∧a;a=a∧b;

4.取反——~

~是一元运算符,用来对一个二进制数按位取反,即将0变1,将1变0。

5.左移——<<

用来将一个数的各二进制位全部左移 N 位,右补0。

例如:将 a 的二进制数左移2位,右边空出的位补0,左边溢出的位舍弃。若 a=15,即 00001111,左移2位得 00111100。

6.右移——>>

将一个数的各二进制位右移 N 位,移到右端的低位被舍弃,对于无符号数,高位补0。

2.4.6 不同类型数据的混合运算

在前面所讨论的各类运算,通常一个表达式中的各个变量、常量和函数都具有相同的数据类型,表达式的值也具有相同类型。但在实际应用中却常用各种数据类型的混合运算,如 25+48.5 * 'A'-3.56e+3。当参与同一表达式运算的各个量具有不同类型时,在计算过程中要进行类型转换。转换的方式有两种,一种是自动类型转换,另一种是强制类型转换。

1.自动类型转换

自动类型转换是当参与同一表达式中运算的各个量具有不同类型时,编译程序会自动将它们转换成同一类型的量,然后再进行运算。

转换的规则为:自动将精度低、表示范围小的运算对象类型向精度高、表示范围大的运算对象类型转换,以便得到较高精度的运算结果,然后再按同类型的量进行运算。由于这种转换是由编译系统自动完成的,所以称为自动类型转换。转换的规则如图 2-2 所示。

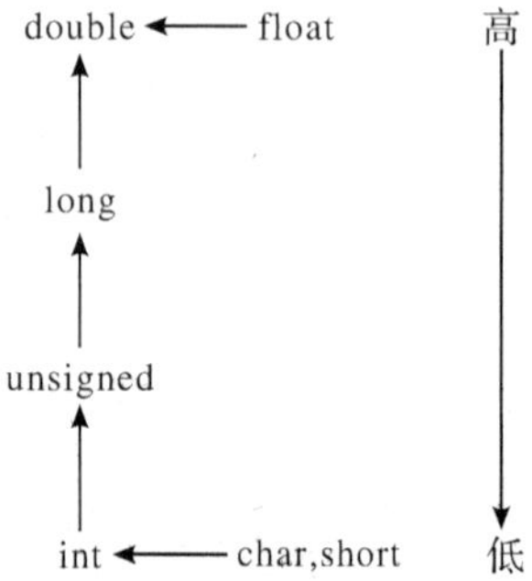

图 2-2 转换规则图

图 2-2 中向左指的箭头为必定转换的类型,即:

(1)在表达式中有 char 或 short 型数据,则一律转换成 int 型参加运算。

(2)在表达式中有 float 型数据,则一律转换成 double 型参加运算。

例如,表达式'D'—'A'的值为 int 型;如 x 和 y 都是 float 型,则表达式 x+y 的值为 double 型。

图 2-2 中纵向向上箭头表示当参与运算的量的数据类型不同时要转换的方向,转换由精度低向精度高进行。如 int 型和 long 型运算时,先将 int 型转换成 long 型,然后再进行运算;float 型和 int 型运算时,先将 float 型转换成 double 型,int 型转换成 double 型,然后再进行运算。由此可见,这种由低级向高级转换的规则确保了运算结果的精度不会降低。

当赋值两边的运算对象数据类型不一致时,系统会自动将赋值号右边表达式的值转换成左边的变量类型之后再赋值。

2.强制类型转换

除了自动类型转换外,C 语言系统还提供了强制类型转换功能,可以在表达式中通过强制转换运算符对操作对象进行类型强制转换。强制类型转换的一般形式为:

(数据类型说明符)(表达式)

其功能是把表达式的运算结果强制转换成数据类型说明符所表示的类型。

例如,(int)6.25 即将浮点常量 6.25(单个常量或变量也可视为表达式)强制转换为整型常量,结果为 6。

【例 2.3】强制类型转换。

```
#include<stdio.h>
void main()
{
    int n;
    float f;
    n=25;
    f=46.5;
    printf("(float)n=%f\n",(float)n);
    printf("(int)f=%d\n",(int)f);
    printf("n=%d,f=%f\n",n,f);
}
```

运行结果为:

(float)n=25.000000

(int)f=46

n=25,f=46.500000

可以看出,n 仍为整型,f 仍为实型。

2.5　输入及输出函数

C语言本身不提供输入输出语句,输入输出操作是由函数来实现的。在 C 标准函数库中有一些输入输出函数,可在程序中直接调用,如 printf()函数和 scanf()函数。需要注意的是,它们不是 C 语言提供的"输入输出语句"。另外,printf()函数与 scanf()函数也不是 C 语言的关键字,而是函数的名字。它们不是 C 语言文本的组成部分,而是以函数库的形式存放在系统之中。

C语言的函数库中有一批"标准输入输出函数",它是以标准的输入输出设备(一般为终端设备)为输入输出对象的。其中有:scanf()函数(格式输入函数)、printf()函数(格式输出函数)、getchar()(字符输入函数)、putchar()函数(字符输入函数)、putchar()函数(字符输出函数)、getchar(字符输出函数)、gets()函数(字符串输入函数)和 puts()函数(字符串输出函数)。

在使用标准 I/O 库函数(即标准输入输出库函数)之前,要用 #include 命令将 I/O 库变量定义文件 stdio.h 包括到用户的源文件中。即再调用 I/O 库函数前,文件开头应有以下预编译命令:

　　#include<stdio.h>

　　或

　　#include"stdio.h"

2.5.1　printf()函数(格式输出函数)

printf()函数的作用是向系统隐含指定的输出设备(如显示器)输出若干个任意类型的数据。

printf()函数的一般形式为:

printf("**格式控制字符串**",**输出项序列**);

其中,格式控制字符串用于指定输出格式。格式控制串可由格式字符串和非格式字符串两种组成。格式字符串是以%开头的字符串,在%后面跟有各种格式字符,以说明输出数据的类型、形式、长度、小数位数等。例如,"%d"表示按十进制整型输出;"%ld"表示按十进制长整型输出;"%c"表示按字符型输出等。

非格式字符串在输出时按照原样输出,在现实中起提示作用。

输出表列中给出了各个输出项,要求格式字符串和各输出项在数量和类型上应该一一对应。例如:

```
main()
{
    int a=88,b=89;
```

```
    printf("%d %d\n",a,b);
    printf("%d, %d\n",a,b);
    printf("%c,%c\n",a,b);
    printf("a=%d,b=%d\n",a,b);
}
```

程序输出结果如下：

88 89

88,89

X,Y

a=88,b=89

本例中,4 次输出了 a 和 b 的值,但由于格式控制字符串不同,输出的结果也不相同。第 4 行的输出语句格式控制串中,两格式串%d 之间加了一个空格(给格式字符),所以输出的 a、b 值之间加了一个逗号。第 6 行的格式控制字符串要求按字符型输出 a、b 值。第 7 行中为了提示输出结果又增加了非格式字符串。

printf()函数格式说明字段的结构如下：

％	前缀修饰符	域宽	精度	长度修正符	格式码

1.格式码

格式码及其意义如表 2-5 所示。

表 2-5　格式码及其意义

格式码	意　义
d/i	以十进制形式输出带符号整数(正数不输出符号)
o	以八进制形式输出无符号整数(不输出前缀 0)
x/X	以十六进制形式输出无符号整数(不输出前缀 0X)
u	以十进制形式输出无符号整数
f	以小数形式输出单、双精度实数
e/E	以指数形式输出单、双精度实数
g/G	以%f%e 中较短的输出宽度输出单、双精度实数
c	输出单个字符
s	输出字符串
P	输出地址,格式由具体实现定义
％	输出％

2.长度修正符

长度修正符是在基本类型的基础上所进行的长度修正,用于指定是基本类型的 short 还是 long,如表 2-6 所示。

表 2-6　长度修正符

长度修正符	可修饰的格式码	参数类型
l	d,i,o,u,x,X	long
ll	d,i,o,u,x,X	long long int,unsigned long long int
h	d,i,o,u,x,X	short,unsigned short
hh	d,i,o,u,x,X	char,unsigned char
L	a,A,e,E,t,g,G	long double

3.域宽与精度

域宽与精度说明的格式为:m.n。其中,m 为输出域宽,用字符数表示,对实数,包括了一个小数点的位置;n 为精度,用字符数表示。

n 的用法有如下几种情形:

(1)配合格式码 f、e/E 时,指定小数点后面的位数;未指定精度时,默认小数点后为6 位。

(2)配合格式码 g/G 时,指定有效位的数目。

(3)作用于字符串时,精度符限制最大域宽。

(4)作用于整型数据时,指定必须显示的最小位数,不足时左侧补先导 0。

需要说明的是:输出数据的实际精度并不主要取决于格式说明字段中的域宽和精度,也不取决于输入数据的精度,而主要取决于数据在机器内的存储精度。如一般 C 语言系统对 float 型数据只能提供 6 位有效数字,double 型数据只有大约 16 位有效数字。格式说明字段中所指定的域宽再大、精度再长,所得到的多余位数上的数字也是毫无意义的。所以增加域宽与精度并不能提高输出数据的实际精度。

4.前缀修饰符

前缀修饰符及其意义如表 2-7 所示。

表 2-7　前缀修饰符及其意义

修饰符	意　义
—	数据在输出域中左对齐显示
0	用"0"而非空格进行前填充
＋	在有符号数前输出前缀"＋"或"—"
空格	对正数加前缀空格,对负数加前缀"—"
♯	在 g 和 f 前,确保输出字段中有一个小数点;在 x 前,确保输出的十六进制数前有前缀 0x
*	做占位符号

数据输出默认采用右对齐,使用前缀修饰符"—"可以使输出数据采用左对齐的方式。

【例 2.4】数据输出采用左对齐。

#include<stdio. h>

```
int main(void)
{
    printf("%20d\n",1234567890);
    printf("%20s\n","abcdefghijk");
    printf("%-20d\n",1234567890);
    printf("%-20s\n","abcdefghijk");
    return 0;
}
```

程序输出结果为：

　　1234567890

　　abcdefghijk

1234567890

abcdefghijk

在采用右对齐时,指定域宽的左边默认使用空格填充,若使用修饰符"0"可以使输出数据指定域宽的左边使用"0"填充。

【例 2.5】数据输出指定域宽的左边使用"0"填充。

```
#include<stdio. h>
int main(void)
{
    printf("%20d\n",1234567890); printf("%20s\n","abcdefghijk);
    printf("%020d\n,1234567890);
    printf("%020s\n","abcdefghijk");
    return 0;
}
```

程序输出结果为：

　　　1234567890

　　　abcdefghijk

00000000001234567890

000000000abcdefghijk

默认情况下数值数据输出时正数的符号"+"不显示,若要显示可使用"+"修饰符;若使用修饰符空格,则正数加前缀空格,对负数加前缀"-"。

【例 2.6】数据输出正数前加上"+"。

```
#include<stdio. h>
int main(void)
{
```

```
    printf("%20d\n",1234567890);
    printf("%+20d\n",1234567890);
    printf("%20d\n",1234567890);
    return 0;
}
```

程序输出结果为：

1234567890

＋1234567890

1234567890

在十六进制数输出时，默认时没有前缀"0x"，若要加上前缀，使用修饰。

【例2.7】十六进制数据输出，前面加上"0x"。

```
#include<stdio.h>
int main(void)
{
    printf("%x\n",0xA2B5);
    printf("% #x\n",0xA2B5);
    return 0;
}
```

程序输出结果为：

a2b5

0xa2b5

一般在格式说明字段对输出数据的宽度进行说明，如果没有指定，则在格式说明字段的宽度位置使用占位符"＊"，在输出参数的前面指定宽度。

【例2.8】用占位符指定数据的输出宽度。

```
#include<stdio.h>
int main(void)
{
    printf("% *.* f\n",20,8,123.12345);   /* 20,8 表示 20.8 */
    printf("% * d\n",20,12345);      /* 20 表示正数 12345 的输出占 20 位宽度 */
    return 0;
}
```

程序输出结果为：

123.12345000

12345

注意：printf()中输出表达式的运算顺序是从右向左的，该规则会因编译程序而异。

2.5.2 scanf( )函数(格式输入函数)

格式输入函数的一般形式为:

scanf("格式控制字符串",输入项地址列表);

1.地址参数

C 语言允许编程者间接地使用内存地址。这个地址是通过对变量名"求地址"运算得到的。求地址的运算符为 &。例如,对于定义:

int a;　　　　　　　/ * &a 给出的是变量 a 所占储存空间的首地址 * /

2.格式说明字段

scanf( )函数格式说明字段的结构如下:

%	域宽	长度修正	格式码

其中的格式码如表 2-8 所示,域宽与长度修正符,如表 2-9 所示。

表 2-8 scanf( )格式码

格式字符	意 义
d,i	以十进制形式输入带符号整数(正数不输入符号)
o	以八进制形式输入无符号整数
x,X	以十六进制形式输入无符号整数
u	以十进制形式输入无符号整数
f	用来输入实数,可以是小数形式或指数形式
e,E,g,G	与 f 作用相同
c	输入单个字符
s	输入字符串

表 2-9 scanf( )域宽与长度修正符

字符	意 义
l	用于输入长整型数据(可用于%d,%lo,%lx)及 double 型数据(%lf 或 %le)
h	用于输入短整型数据(可用于%hd,%ho,%hx)
域宽	指定输入数据所占宽度(列数),为正整数
*	表示本输入项在读入后不赋给相应的变量

应当注意:在输入数据时,格式说明字段中的格式码以及长度修饰符所指定的类型必须与地址参数的类型一致;否则,得不到正确的输入。

【例 2.9】

```
# include <stdio. h>
int main(void)
{
    int a,b,c;
    scanf("%d%d%d",&a,&b,&c);
    printf("%d,%d,%d/n",a,b,c);
    return 0;
```

```
}
```

运行时输入三个值：3□4□5，则输出为 3,4,5。

【例 2.10】格式码与输入数据类型要一致。

```
#include<stdio. h>
int main(void)
    {
    double a,c;
    scanf ("%f",&a);
    printf("\na=%1f\n",a);
    scanf ("%lf",&c);
    printf("\nc=%lf\n",c);
    return 0;
    }
```

由于 a 是 double 型，第一个输入的格式码为%f，因此 a 得不到输入的值；第二个输入格式码为%lf，与 a 的类型相匹配，就可以得到正确的输入值。

3.几点说明

(1)输入数据时，各个数据之间可以用空格、制表符、回车键、逗号作为间隔符。例如：

scanf("%d%d%d",&a,&b,&c);

输入数据时，可以用一下几种输入方式：

①用空格：12□34□56↙

②用"Tab"键：12[Tab]34[Tab]↙

③用回车键：12↙

　　　　　 34↙

　　　　　 56↙

④用逗号：scanf("%d,%d,%d",&a,&b,&c);

　 输入方式应为：12,34,56↙

(2)根据格式项中指定的域宽分隔出数据项。例如：

scanf("%5d%3d",&a,&b);

当运行时输入 12345678，系统自动将 12345 赋给 a，678 赋给 b。

(3)在输入数据时，遇到以下情况认为该数据结束。

①遇到空格、"Tab"键、回车键。

②按指定的宽度结束，如"%3d"，只取 3 列。

③遇到非法输入。

2.5.3 putchar()函数与 getchar()函数(字符输出/输入函数)

(1)putchar()函数的作用是向终端设备输出一个字符。一般形式为:

putchar(c);

在显示器上输出一个字符,其中 c 通常是一个已经赋值的字符型变量,或是一个字符常量。

(2)getchar()函数的作用是向终端设备输入一个字符。一般形式为:

getchar();

等待键盘输入,按回车换行键结束,返回输入的第 1 个字符,没有参数。

【例 2.11】从键盘接收一个字符,然后输出。

```
#include<stdio.h>
void main()
{
    char ch;
    ch=getchar();
    putchar(ch);
}
```

如果运行时输入 a,则输出也为 a。

2.5.4 常见错误及处理方法

(1)忽略了变量的类型,进行了不合法的运算。

```
main()
{
    float a,b;
    printf("%d",a%b);
}
```

%是求余运算,得到 a/b 的整余数。整型变量 a 和 b 可以进行求余运算,而实型变量则不允许进行"求余"运算。

(2)将字符常量与字符串常量混淆。

```
    char c;
    c="a";
```

以上混淆了字符常量与字符串常量,字符常量是由一对单引号括起来的单个字符,字符串常量是一对双引号括起来的字符序列。C 规定以"\"作字符串结束标志,它是由系统自动加上的,所以字符串"a"实际上包含字符'a'和'\',而把它赋给一个字符变量是不行的。

(3)忽略了"="与"=="的区别。在 C 语言中,"="是赋值运算符,"=="是关系运算符。如：

> if(a==1) a=b;

前者是进行比较, a 是否和 1 相等, 后者表示如果 a 和 1 相等, 把 b 值赋给 a。由于习惯问题, 经常会犯这样的错误。

(4)输入变量时忘记加地址运算符"&"。

> int a,b;
>
> scanf("%d%d",a,b);

这是不合法的。scanf 函数的作用是:按照 a、b 在内存的地址将 a、b 的值存进去。"&a"指 a 在内存中的地址。正确的写法为:

> scanf("%d%d",&a,&b);

(5)输入数据的方式与要求不符。

①scanf("%d%d",&a,&b)。输入时, 不能用逗号作两个数据间的分隔符, 如下面输入不合法:

> 3,4

输入数据时, 在两个数据之间以一个或多个空格间隔, 也可用回车键或"tab"键。

②scanf("%d,%d",&a,&b)。C 语言规定:如果在"格式控制"字符串中除了格式说明以外还有其他字符, 则在输入数据时应输入与这些字符相同的字符。下面输入是合法的:

> 3, 4

此时不用逗号而用空格或其他字符是不对的。

> 3 4 3: 4

③scanf("a=%d,b=%d",&a,&b)。输入应如以下形式:

> a=3,b=4

(6)输入字符的格式与要求不一致。在用"%c"格式输入字符时,"空格字符"和"转义字符"都作为有效字符输入。

> scanf("%c%c%c",&c1,&c2,&c3);

如输入 a□b□c,字符"a"送给 c1,字符"□"送给 c2,字符"b"送给 c3,因为%c 只要求读入一个字符,后面不需要用空格作为两个字符的间隔。

2.6 拓展训练

【例 2.12】试分析下面程序的运行结果。

```
main()
{
    int a=4,b,c;
```

```
        a*=5+2;
        printf("%d\n",a++);
        a-=b=c=6;
        printf("%d,%d,%d\n",a,b,c);
    }
```

程序运行结果为：

28

23,6,6

在本例中：

(1)语句"a*=5+2;"相当于"a=a*(5+2);",由于 a 的初值为4,故执行此语句后 a 的值为28。

(2)第 5 行输出语句,输出 a++,即先输出 a 的原值28,然后 a 的值再增加到29。

(3)语句"a-=b=c=6;"相当于"a=(a-(b=(c=6)))",执行后 a 的值为23,b 的值为6,c 的值也6,故第 7 行输出语句输出结果为23,6,6。

【例 2.13】试分析下列程序运算结果。

```
    main()
    {
        int a=2;
        a%=5-1;
        printf("%d\n",a);
        a+=a*=a-=a*=5;
        printf("%d\n",a);
    }
```

程序运行结果为：

2

0

在本例中：

(1)语句"a%=5-1;"相当于"a=a%(5-1)"。由于 a 的初值为2,即 a=2%(5-1)=2,故执行此语句后 a 的值为2。

(2)语句"a+=a*=a-=a*=5;"的运算顺序是从最右边开始,第一步执行 a*=5,即 a=a*5=2*5=10,此时 a 的值为10。第二步执行 a-=10,即 a=a-10=10-10=0,此时 a 的值为0。第三步执行 a*=0,即 a=a*0=0*0,得 a 为0。最后执行 a+=0,显然 a 值为0。因此,最后输出 a 的值为0。

课后练习题

1. 选择题

(1)设 a 为字符变量,下列表达式正确的是(   )。

    A. a＝28   B. a＝′m′   C. a＝"m"   D. a＝"bcd"

(2)C 语言中,最简单的数据类型包括(   )。

    A. 整型,实型,字符型   B. 共同体类型,枚举型

    C. 实型,结构体类型   C. 空类型,数组类型,实型

(3)设 int 类型的数据长度为 2 字节,则 unsigned int 类型数据的取值范围是(   )。

    A. 0～255   B. 0～65535

    C. －32768～32767   D. －256～255

(4)表达式(int)6.3822 的值为(   )。

    A. 6   B. 6.3   C. 6.4   D. 0

(5)以下选项中不合法的变量名是(   )。

    A. ABC_C   B. M_8   C. _PRINT   D. 8file

(6)设有说明:char w;int x;float y;double z;则表达式:W＊x＋z－y 值的数据类型是(   )。

    A. float   B. char   C. int   D. double

(7)若有定义:int a＝7;float x＝2.5,y＝4.7;则表达式:x＋a%3＊(int)(x＋y)%2/4 的值是(   )。

    A. 2.500 000   B. 2.7 500 000   C. 3.500 000   D. 0.000 000

(8)C 语言中,要求运算量必须是整型的运算符是(   )。

    A. ＋   B. /   C. %   D. ＊

(9)若有说明语句:char c＝′\101′;则变量 c(   )。

    A. 包含一个字符   B. 包含两个字符   C. 包含三个字符   D. 说明不合法

(10)表达式 5! ＝3 的值是(   )。

    A. T   B. 非零值   C. 0   D. 1

2. 填空题

(1)C 语言基本数据类型包括_____、_____、_____和_____。

(2)C 语言中,字符常量是用_____括起来的字符序列。

(3)C 语言中,整型变量可分为_____、_____、_____和_____四种,分别用_____、_____、_____和_____表示。

(4)C 语言中,系统在每一个字符串的结尾自动加一个_____字符,表示字符串结束。

(5)已知字母 a 的 ASCII 码为十进制数 97,且设 ch 为字符型变量,则表达式 ch＝′a′＋′8′

一´3´的值为_____。

(6)实数的两种表示形式为_____和_____。

(7)C 语言中,符号 & 是运算符,变量 x 在内存中的地址用_____表示。

(8)以下程序的输出结果是_____。

```
main()
  {
    int a=12,b=12;
    printf("%d,%d\n",——a,++b);
  }
```

(9)若 a 是 int 型变量,则执行"a=25/3%3;"语句后 a 的值为_____。

(10)已知字母 A 的 ASCII 码为十进制的 65,下面程序的输出是_____。

```
main()
  {
  char ch1,ch2;
    ch1=´A´+´5´-´3´;
    ch2=´A´+´6´-´3´;
  printf("%d,%c\n",ch1,ch2);
  }
```

3. 程序编写

(1)已知一个英文字符,编写一个 C 程序,在屏幕上显示出其前后相连的三个字符。

(2)从键盘上输入正方形的边长(实型),求其面积及周长,并输出。

(3)若 a、b 是整型变量,从键盘上输入 a 和 b 的值,计算并输出 a^2+b^2 的值。

模块 3 结构化程序设计之——选择结构

技能目标

（1）能应用 if...else 进行二分支选择结构程序的编写。

（2）能应用 if...else if 的嵌套进行多分支选择结构程序的编写。

（3）能应用 switch...case 进行多分支选择结构程序的编写。

知识目标

（1）理解结构化程序设计的理念。

（2）熟练掌握 if...else 语句。

（3）熟练掌握 switch...case 语句。

3.1 结构化程序设计的概念

荷兰计算机科学家 Dijkstra 首先提出了结构化程序设计的概念，他强调从程序结构和风格来研究程序设计，注重提高程序的可读性、可理解性和可靠性。

在模块 1 中，我们已经了解到，任何程序都可以用顺序、选择和循环 3 种控制结构来实现，即一个复杂问题的解决方案可以被分解为这三种基本结构的组合。因此，要熟练掌握顺序结构、选择结构和循环结构的概念以及使用是 C 语言程序设计的基本要求。

结构化程序设计的基本原则有三条：

（1）在程序设计中使用三种基本的程序控制结构。

（2）限制 goto 语句的使用。

（3）对于比较复杂的大系统，采用自顶向下、逐步求精的方法划分程序模块。

顺序结构，就是按照代码从上到下的顺序依次执行的程序。在之前两个模块中我们接触到的所有例题都属于顺序结构。在本模块中，我们将要学习选择结构程序的构建。

3.2 与选择有关的运算符

大多数程序中包含选择结构，它的作用是根据所选定的条件是否满足，执行相应的操作。在学习选择语句之前我们先复习和它密切相关的关系运算符、关系表达式、逻辑运算符和运算表达式。

3.2.1 关系运算符

关系运算即比较运算,关系运算的结果为"真"或"假"。如在 C 语言程序中,b>2 是关系表达式,如果 b 的值为 7,则表达式的值为"真";如果 b 的值为 1,则表达式的值为"假"。C 语言提供的关系运算符如表 3-1 所示。

表 3-1 关系运算符

关系运算符	含义	优先级
>	大于	优先级相同(高)
>=	大于或等于	
<	小于	
<=	小于或等于	
==	等于	优先级相同(低)
!=	不等	

注意:关系运算符的结合方向为从左向右;关系运算符的优先级低于算术运算符;关系运算符的优先级高于赋值运算符。

3.2.2 关系表达式

用关系运算符将两个表达式连接起来的式子,称为关系表达式。

例如:b+d>a+f,(b=9)>(c=8),(b>g)<=(d>=f),$'f'<'h'$,c<g 都合法。

关系表达式的值为逻辑"真"或"假",以$'1'$代表真,以$'0'$代表假。

举例:

关系表达式 d<f 的结果为"假"。

关系表达式 a<d>f 的结果为"假",先执行 a<d,结果为$'1'$,再执行 1>f,结果为$'0'$。

3.2.3 逻辑运算符

用逻辑运算符将关系表达式或逻辑量连接起来的式子就是逻辑表达式。逻辑表达式的结果为"真"或"假"。C 语言提供的逻辑运算符如表 3-2 所示。

表 3-2 逻辑运算符

逻辑运算符	含义	优先级
&&	逻辑与	优先级相同(低)
||	逻辑或	
!	逻辑非	优先级高

举例:! 3>1,计算! 3 值为 0,0>1 值为 0。

举例:c=1,d=1,f=0,y=1,a=1,计算! c||d&&f<y||a 的值。

执行顺序如下:先执行关系运算符 f<y,结果为 1,执行! c||d,结果为 1,1&&1 结果为 1,1||1 结果为 1。

注意:逻辑运算符中的"&&"和"||"低于关系运算符,"!"高于算术运算符,逻辑运算符"&&"和"||"结合方向从左向右。

举例:设 c=3,b=6:

! c 的值为 0   c&&b 的值为 1

c||b 的值为 1   ! c||b 的值为 1

4&&0||2 的值为 1

举例:6>4&&7>3-! 0

执行顺序如下:6>4 的结果为 1,3-! 0 的值为 2,7>2 的值为 1,1&&1 的值为 1。

3.2.4 逻辑表达式

用逻辑运算符将逻辑型数据连接起来的式子,称为逻辑表达式。

注意:在逻辑表达式的求解中,并不是所有的逻辑运算符都要被执行。

如 d&&b&&c,只有 *d* 为真时,才需要判断 *b* 的值,只有 *d* 和 *b* 都为真时,才需要判断 *c* 的值。

如 d||b||c,只要 *d* 为真,就不必判断 *b* 和 *c* 的值,只有 *d* 为假,才判断 *b*,*d* 和 *b* 都为假才判断 *c*。

举例:x=1,y=1,a=5,b=6,f=2,d=4,(x=a>b)&&(y=f>d),求 *x* 和 *y* 的值。

执行顺序如下:a>b 的值为 0,x=0,而"y=f>d"不被执行,因此 *y* 的值不是 0 而仍保持原值 1。

举例:用逻辑表达式来表示闰年。

条件1:能被 4 整除,但不能被 100 整除。

条件2:能被 4 整除,又能被 400 整除。

(year%4==0&&year%100! =0)||year%400==0

表达式值为真是闰年,否则为非闰年。

3.3 if 语句和条件运算

if 语句是 C 语言选择控制语句之一,用来对给定条件进行判定,并根据判定的结果(真或假)来决定执行给出的两种操作其中的一种。

3.3.1 if 语句的三种基本形式

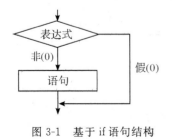

图 3-1 基于 if 语句结构

1. 基本 if 语句结构

if(表达式)   语句;

例如:if(x>y)   printf("%d",x);

语句含义:当表达式的值为真时,执行"语句",否则,跳过"语句"执行 if 语句的下一条语句,如图 3-1 所示。

2. if...else 语句结构

if(表达式)

语句 1;

else

语句 2;

例如:if(x>y)

printf("%d",x);

else

printf("%d",y);

语句含义:当表达式的值为真时,执行语句 1,否则执行语句 2,如图 3-2 所示。

注意:

(1)表达式的类型可以使任意的数据类型,但一般是关系表达式、逻辑表达式。

(2)语句 1 和语句 2 可以是一条语句,也可以是由{}括起来的多条语句构成的一个复合语句。

(3)if...else if 多分支选择结构:

if(表达式 1)　　　语句 1;

else if(表达式 2)　　语句 2;

　　⋮

else if(表达式 n)　　语句 n;

else　　　　　　　语句 n+1;

语句含义:当表达式 1 的值为真时,执行语句 1,否则当表达式 2 的值为真时执行语句 2,否则当表达式 n 的值为真时执行语句 n,否则执行语句 n+1,如图 3-3 所示。

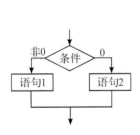

图 3-2　if...else 语句结构

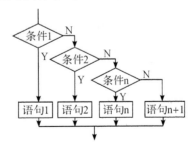

图 3-3　if...else if 多分支选择结构

3.3.2　if 语句的嵌套和嵌套配对原则

(1)if 语句嵌套时,从最内层开始,else 总是与其上面最近且尚未匹配的 if 配对。

(2)为了明确匹配关系,避免 if 和 else 配对错位的最佳办法是将内嵌的 if 语句用大括号括起来。

(3)为了便于阅读,编写程序时建议相互匹配的 if 和 else 使用相同的缩进。

请比较以下两段代码的异同。

```
if(x>2||x<-1)
    if(y<=10&&y>x)printf("Yes!");
    else            printf("No!");
```

```
if(x>2||x<-1)
    {if(y<=10&&y>x)
                printf("Yes!");}
else            printf("No!");
```

显然,第一段代码按照嵌套配对原则,else 与"if(y<=10&&y>x)"匹配。而第二段代码由于加了{},else 与"if(x>2||x<-1)"匹配。这就会导致看似完全一样的代码,执行的结果却截然相反。

3.3.3 if...else 应用实例

【例 3.1】用 if...else 语句设计一个完整的班级学生成绩管理系统菜单,并要求可以通过键盘输入相应数字来选择系统的功能。

菜单内容如下:

====班级学生成绩管理系统===
————————————————

          1.个人信息

          2.各科成绩

          3.总成绩

          4.排名

————————————————

程序如下:

```
#include <stdio.h>
int main(void)
{/*显示菜单*/
    int number;
    printf("====班级学生成绩管理系统====\n");
    printf("————————————————\n");
    printf("         1.个人信息          \n");
    printf("         2.各科成绩          \n");
    printf("         3.总成绩           \n");
    printf("         4.排名            \n");
    printf("————————————————\n");
printf("\t 请选择要执行的序号:");
    scanf("%d",&number);
    if(number==1)
```

```
            printf("个人信息\n");
        else if(number==2)
          printf("各科成绩\n");
          else if(number==3)
            printf("总成绩\n");
            else if(number==4)
              printf("排名\n");
              else
                printf("输入错误\n");
      return 0;
}
```

【例 3.2】用键盘输入两个实数,由大到小输出这两个数,要求用基本 if 语句实现。

```
#include <stdio.h>
int main(void)
{
    float aa,bb,tt;
    scanf("%f,%f",&aa,&bb);
    if (aa<bb)
    {tt=aa;
    aa=bb;
    bb=tt;}
    printf("%.2f,%.2f\n",aa,bb);
    return 0;
}
```

【例 3.3】用键盘输入三个实数,由大到小输出这三个数,要求用基本 if 语句实现。

```
#include <stdio.h>
int main(void)
{
    float aa,bb,cc,tt;
    scanf("%f,%f,%f",&aa,&bb,&cc);
    if (aa<bb)
        {tt=aa;
        aa=bb;
        bb=tt;}
    if (aa<cc)
```

```
    {tt=aa;
    aa=cc;
    cc=tt;}
  if (bb<cc)
    {tt=bb;
    bb=cc;
    cc=tt;}
  printf("%.2f,%.2f,%.2f\n",aa,bb,cc);
  return 0;
}
```

【例3.4】用键盘输入一个实数,求其绝对值,要求用 if...else 语句实现。

```
#include <stdio.h>
int main(void)
{
  float  n;
  scanf("%f",&n);
if(n>=0) printf("%f",n);
else printf("%f",-n);
return 0;
}
```

【例3.5】用键盘输入整数 a,b,c,求一元二次方程 $ax^2+bx+c=0$ 的根,要求用 if...else 语句实现。

```
#include <stdio.h>
#include <math.h>
int main(void)
{
  int a,b,c;
  scanf("%d,%d,%d",&a,&b,&c);
if (a==0)
    if (b==0)
    printf("方程无解! \n");
    else
    printf("方程只有一根为:%d\n",-c/b);
    else
{
```

```
        float tp,twoa;
float tp1,tp2;
        tp=b*b-4*a*c;
        twoa=2*a;
        tp1=-b/twoa;
        tp2=sqrt(fabs(tp))/twoa;
if (tp<0.0)
        printf ("复数根:\n 实数部分=%f,虚数部分=%f\n",tp1,tp2);
        else
        printf ("实数根:\n 第一个根=%f,第二个根=%f\n",tp1+tp2,tp1-tp2);
        }
        return 0;
    }
```

【例 3.6】用键盘输入成绩 a,90 分及以上为 A 级;80 分至 89 分 B 级;70 分至 79 分 C 级;60 分至 69 分 D 级;60 分以下,E 级。要求用 if...else if 语句实现。

```
# include <stdio.h>
int main(void)
{
        float a;
        scanf("%f",&a);
        if (a>=90)
        printf("%.1f 是 A 级\n",a);
        else if(a>=80)
        printf("%.1f 是 B 级\n",a);
        else if(a>=70)
        printf("%.1f 是 C 级\n",a);
        else if  (a>=60)
printf("%.1f 是 D 级\n",a);
        else
        printf("%.1f 是 E 级\n",a);
        return 0;
    }
```

3.4 switch 语句

在编写程序时,常常会遇到多路选择问题,例如学生成绩分类问题。这类问题可以用前一节介绍的 if...else 的嵌套形式来实现,但程序结构复杂,不易理解,解读时容易出现歧义。因此,针对这种情况,C语言还提供了另一种用于多分支选择的 switch 语句,也成为开关语句,非常类似电路中的多路开关,可以根据某个条件决定执行哪一个选项的操作。

其一般形式为:

```
switch(表达式)
{
case 常量表达式 1:语句 1;
case 常量表达式 2:语句 2;
...
case 常量表达式 n:语句 n;
default:语句 n+1;
}
```

语句含义为:计算表达式的值,并逐个与其后的常量表达式值相比较,当表达式的值与某个常量表达式的值相等时,即执行其后的语句及 break 语句,然后不再进行判断,跳出 switch 语句。如表达式的值与所有 case 后的常量表达式均不相同,则执行 default 后的语句。可以将 break 看作为语句序列中必要的成分。

执行 switch 语句时,先计算表达式的值,然后将它逐个与 case 后的常量表达式的值进行对比,当 switch 后的表达式与某一常量表达式的值一致时,程序就转到此 case 后的语句开始执行,执行完该语句后若没有遇到 break,则程序会按照顺序执行下一个 case 后的语句,以此类推。若没有一个常量表达式的值与 switch 后表达式的值一致,就执行 default 语句,如果没有 default,则该 switch 结构结束。

【例 3.7】从键盘输入 1~7,输出英文星期几。

```c
#include <stdio.h>
int main(void)
{
    int a;
    printf("input integer number:          ");
    scanf("%d",&a);
switch (a)
{
        case 1:printf("Monday\n"); break;
        case 2:printf("Tuesday\n"); break;
        case 3:printf("Wednesday\n"); break;
        case 4:printf("Thursday\n"); break;
```

```
        case 5:printf("Friday\n"); break;
        case 6:printf("Saturday\n"); break;
        case 7:printf("Sunday\n"); break;
        default:printf("error\n"); break;
    }
    return 0;
}
```

【例 3.8】用键盘输入成绩 a,90 分及以上为 A 级;80 分至 89 分 B 级;70 分至 79 分 C 级;60 分至 69 分 D 级;60 分以下,E 级。要求用 switch 语句实现。

```
#include <stdio.h>
int main(void)
{
        float a;
        int grade;
        printf("输入一个分数:");
        scanf("%f",&a);
        grade=a/10;
        switch(grade)
        {
            case 10:
            case 9:printf("A\n");break;
            case 8:printf("B\n");break;
            case 7:printf("C\n");break;
            case 6:printf("D\n");break;
             case 5:
            case 4:
            case 3:
            case 2:
        case 1:
            case 0:printf("E\n");break;
            default:printf("输入错误\n");break;
        }
        return 0;
}
```

【例 3.9】用 switch 语句实现例 3.1 相同的要求。

```
#include <stdio.h>
    int main(void)
    {/* 显示菜单 */
    int number;
    printf("====班级学生成绩管理系统====\n");
    printf("————————————————\n");
printf("        1.个人信息        \n");
printf("        2.各科成绩        \n");
printf("        3.总成绩         \n");
printf("        4.排名          \n");
    printf("————————————————\n");
    printf("\t请选择要执行的序号:");
    scanf("%d",&number);
switch(number)
    {
    case 1:printf("个人信息\n");        break;
    case 2:printf("各科成绩\n");        break;
    case 3:printf("总成绩\n");         break;
    case 4:printf("排名\n");          break;
    default:printf("输入错误\n");       break;
    }
    return 0;
        }
```

使用 switch 需注意如下几点:

(1)一个 switch 结构由一些 case 子结构与可缺省的 default 子结构组成。

(2)switch 的判断表达式只能对整数求值,可以使用字符或整数。

(3)一个 switch 结构中不允许出现两个具有相同值的常量表达式。

(4)switch 的匹配测试,只能测试是否相等,不能测试关系或逻辑。

(5)switch 结构允许嵌套。

课后练习题

1.选择题

(1)已知 int a,b;下列 switch 语句中正确的是(　　)。

　　A. switch(a+b)

<line>{</line>

<line>case 1:a++;break;</line>

<line>case 2:b++;break;</line>

<line>}</line>

B. switch(a $*$ b)

{

case a $*$ b:a++;break;

case a/b:b++;break;}

C. switch(a/10+b)

{

case a+b:a++;break;

case a−b:b++;break;}

D. switch(a)

{

case a:a++;break;

case b:b++;break;}

(2)以下函数计算的程序段是( )。

$$y=\begin{cases} -1 & x<0 \\ 0 & x=0 \\ 1 & x>0 \end{cases}$$

A. if(x>=0)

　　if(x>0)y=1;

　else y=0;

else y=−1;

B. y=0;

　if(x>=0)

　if(x>0) y=1;

　else y=−1;

C. y=−1;

　if(x>0)y=1;

　else y=0;

D. y=−1;

　if(x! =0)

　　if(x>0)y=1;

　　else y=0;

(3)为了避免嵌套的 if...else 语句产生歧义,C 语言规定 else 总是与(   )组成配对关系。

  A. 与其之前未配对的 if   B. 上下对齐的 if

  C. 离得最近的 if   D. 在其之前未配对的最近的 if

(4)下列有关 switch 语句描述,(   )是正确的。

  A. switch 语句中每个语句序列必须有 break

  B. switch 语句中 case 子句后面的表达式可以是整型表达式

  C. switch 语句中 default 子句只能放在最后

  D. switch 语句中 default 子句可以没有,也可以有一个

(5)阅读以下程序:

```
main()
{ int x;
   scanf("%d",&x);
   if(x--<5) printf("%d",x);
else printf("%d",x++);
}
```

程序运行后,如果从键盘上输入 5,则输出结果是(   )。

  A. 4   B. 5   C. 6   D. 3

(6)有如下程序:

```
main()
{ int a=2,b=-1,c=2;
if(a<b)
if(b<0) c=0;
else c++;
printf("%d\n",c);
}
```

该程序的输出结果是(   )。

  A. 3   B. 0   C. 2   D. 1

(7)C 语言的 switch 语句中,case 后(   )。

  A. 可为任何量或表达式

  B. 可为常量及表达式或有确定值的变量及表达式

  C. 只能为常量

  D. 只能为常量或常量表达式

(8)能正确表示"当 x 的取值在[1,10]和[200,210]范围内为"真",否则为"假"的表达式是(   )。

A. (x>=1)&&(x<=10)||(x>=200)&&(x<=210)

B. (x>=1)||(x<=10)&&(x>=200)||(x<=210)

C. (x>=1)&&(x<=10)&&(x>=200)&&(x<=210)

D. (x>=1)||(x<=10)||(x>=200)||(x<=210)

(9)设 $x=3,y=-4,z=6$,写出表达式

!(x>y)+(y!=z)||(x+y)&&(y-z)的结果(   )。

A. 1   B. 0   C. -1   D. 6

(10)以下程序的输出结果是(   )。

```
#include<stdio.h>
int main()
{int a=5,b=0,c=0;
  if(a=b+c) printf("* * *\n");
  else printf("$ $ $\n");
return 0;
}
```

A. 有语法错误不能通过编译

B. $ $ $

C. 可以通过编译但不能通过连接

D. * * *

2. 填空题

(1)以下程序的输出结果是_____。

```
main ( )
{ int m=5;
if(m++>5)printf("%d\n",m);
else printf("%d\n",m--);
}
```

(2)以下程序的功能是:输入三个整数给 a,b,c,程序把 b 的值赋给 a,把 c 的值赋给 b,把 a 的值赋给 c,交换后输出 a,b,c 的值。

```
#include<stdio.h>
int main( )
{
    int a,b,c,_____;
    printf("enter a,b,c");
    scanf("%d%d%d",&a,&b,&c);
    _____;
```

```
        a＝b；
        b＝c；
        _____；
        printf("a＝%d b＝%d c＝%d",a,b,c)；
    }
```

(3)switch 语句中每一个 case 后面的常量表达式的值必须_____。

(4)下面程序的输出结果是_____。

```
    #include＜stdio.h＞
    int fun(int x)
    {
        int p；
        if(x＝＝0||x＝＝1)
            return(3)；
            p＝x－fun(x－2)；
            return p；
    }
    int main( )
    {
        printf("%d\n",fun(9))；
    }
```

3. 编程题

(1)键盘输入三个整数,求其中的最大值,并输出。

(2)已知某公司员工的保底薪水为500元,某月所接工程的利润 profit(整数)与利润提成的关系如下(计量单位:元)。请设计程序,输入利润额,自动计算出员工当月收入。

```
        profit≤1000         没有提成；
    1000＜profit≤2000       提成 10%；
    2000＜profit≤5000       提成 15%；
    5000＜profit≤10000      提成 20%；
    10000＜profit           提成 25%。
```

模块4 结构化程序设计之——循环结构

技能目标

（1）能熟练应用 for、while 和 do…while 进行循环结构程序的编写。

（2）能编写具有嵌套循环结构的程序。

（3）能应用 continue 和 break 进行提前结束循环的设置。

知识目标

（1）掌握应用循环结构解决问题的方法。

（2）熟练掌握 for、while 以及 do…while 语句。

（3）熟练掌握 continue 和 break 语句。

4.1 while 语句

在利用程序解决实际问题的过程中，循环是非常重要的一个环节，几乎所有的实用程序中都包含循环结构。循环结构也称为重复结构，可以完成重复性、规律性的操作。

对程序而言，循环必须具备两个重要因素：

（1）在一定条件下，重复执行一组指令。

（2）必然出现不满足条件的情况，使循环终止。

被反复执行的程序段称为循环体。用来控制循环是否进行的变量称为循环变量。C语言程序有三种典型的循环控制语句：while、do…while、for。

while 语句的一般形式如下：

while（表达式）//循环条件

｛语句 A；｝ //循环体

……

下方其他语句；

当表达式的值为"真"，即计算值非 0 时，执行 while 语句中的循环体。其流程如图 4-1所示。

循环关键词 while，按照英文词义可以翻译成"当"，while 结构包括两大要素，首先是循环条件，也就是出现在 while 后面括号中的这个表达式，只有当它成立时，才表示循环会继续。其次是循环体，也就是真正被重复执行的语句 A，它能不能被执行，取决于循环条件是否成立。也就是说，如果程序第一次运行，while 后面的表达式就不成立，那么语句 A 是一次都不会被执行的，这有别于顺序结构中从上到下执行每一句代码，不会漏掉谁。在循环结构中，循环体是否执行，取决于循环条件的成立与否。可以参考流程图中的程序，执行流向。

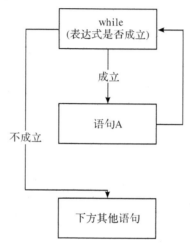

图 4-1　while 语句循环执行过程

【例 4.1】有一张厚度为 0.1mm 的纸，假设它足够大，不断地将其对折，问对折多少次以后，其厚度可以超过珠穆朗玛峰的高度？

分析：首先从题目中提炼数学模型，重复对折一张纸，实际上就是厚度不断地乘以 2 的同时，对折的次数加 1。用顺序结构的思路来写程序，就要在程序中不断执行 h＝h＊2；和 n＝n＋1 语句，直到 h 的值大于 8848180 后，运算结束，此时的 n 值就是对折的次数。

程序如下：

```
main()
{
double h=0.1;
int n=0;
while(h<=8848180)
  {
  h=h*2;
  n=n+1;
  }
}
```

```
printf("对折%d次后,纸张厚度为%.2f\n";n,h);
}
```

4.2 for 语句

for 语句的一般形式如下:

```
for(表达式 1;表达式 2;表达式 3)
    循环体;
```

各部分的作用:

表达式 1:给循环变量赋初值,指定循环的起点。

表达式 2:设置循环的条件,决定循环的继续或结束。

表达式 3:设置循环的步长,改变循环变量的值,从而改变表达式 2 的真假性。

循环体:在符合条件的情况下被反复执行的部分。

for 语句的执行流程如图 4-2 所示。

for 语句的执行流程具体描述如下:

(1)计算表达式 1。

(2)判断表达式 2,若表达式 2 的值为真,则执行循环语句,转第(3)步;若表达式 2 的值为假,则跳出循环体继续执行 for 循环之后的语句。

(3)计算表达式 3。

(4)转到第(2)步继续执行。

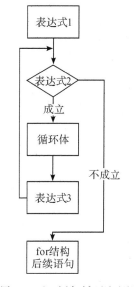

图 4-2　for 语句循环流程图

说明:for 语句中表达式 1、表达式 2、表达式 3 可以是任意类型,并且都可以省略,但分号不可以省。

【例 4.2】编写程序,自动计算自然数中 1 到 m 的和。

分析:变量 m 存放一个自然数,具体数值可以在程序运行时由键盘输入。可以自定义变量 sum,存放所求的和,变量 i 存放一个整形数据,作为循环变量。本题是一个累加问题,非常适合用 for 循环来实现。设定累加初值为 1,每做一次加法,加数自增 1,直到加数大于 m 的值后结束。

程序:

```
#include<stdio.h>
main()
{
```

```
int i,sum,m;
sum=0;
printf("请输入 m 的数值:");
scanf("%d",&m);
```

在 while 与 for 语句中到底选用哪一种主要取决于程序人员的个人爱好。例如在以下语句中:

```
while((c=getchar()=='''||c=='\n'||c=='\t')
    ;
```

/* 该程序段的功能为自动跳过键盘输入的空白符,如空格、回车和退格 */。

不包含初始化或重新初始化部分,所以使用 while 循环语句最为自然。

如果要做简单的初始化与增量处理,那么最好还是使用 for 语句,因为它可以使循环控制的语句更密切,而且把控制循环的信息放在循环语句的顶部,易于程序理解。这在如下语句中表现得更为明显:

```
for(i=0;i<n;i++)
{
……
}
```

这是 C 语言在处理固定增量循环的一种习惯性用法,由于 for 语句的各个组成部分可以是任意表达式,所以 for 语句并不限于以算术值用于循环控制。然而,强制性地把一些无关的计算放进 for 语句的初始化或者增量部分是一种不良的程序设计风格,它们最好仅用于循环控制的操作。

4.3　do...while 语句

正如前文所述,while 和 for 这两个循环语句在循环体执行前对终止条件进行测试。与之相对应的,C 语言中第三种循环语句——do…while 循环语句,则是在循环体执行完后再测试终止条件,循环体至少执行一次。

do…while 又称为直到型循环,一般形式如下:

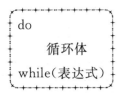

```
do
    循环体
while(表达式)
```

例如：do

    x＝0；

while(x＞9)；

该结构特点是：先执行语句，后判断表达式。其流程如图 4-3 所示。

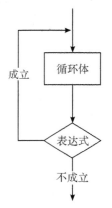

图 4-3 do…while 流程图

执行流程：先执行一次循环体，然后判别表达式，当表达式的值为非 0("真")时，返回重新执行循环体，如此反复，直到表达式的值等于 0 为止，此时循环结束。

说明：

(1)do 是 C 语言关键字，必须和 while 联合使用。

(2)do…while 循环由 do 开始，在 while 结束，其中 while()；后面的分号不能少，这是整个循环结构结束的标志。

(3)while 后面圆括号中的表达式用于进行判断，决定循环是否继续执行。

(4)do 后面的循环体可以是一条可执行语句，也可以是由多个语句构成的复合语句，此时复合语句必须用{}括起来。

【例 4.3】用 do…while 实现 100 个 2 相加。

```
#include<stdio.h>
void main()
{
    int i=1;
    int sum=0;
    do
    {sum+=2;
    i++;}
    while(i<=100);
    printf("The sum is %d\n",sum);
}
```

对同一个问题可以用 while 语句处理，也可以用 do…while 语句处理。do…while 结构可以转换成 while 结构，两者等价。一般情况下，用 while 语句和 do…while 语句处理同一问题时，若两者的循环体部分是一样的，那执行的结果也是一样的。但在 while 后面的表达式一开始就为假(0 值)时，两种循环的结果是不同的。

【例 4.4】while 和 do…while 循环的比较。

```
main()
{
int sum＝0,i;
scanf("％d",&i);
while(i<＝10)
{sum＝sum＋i;
i++;
}
printf("％d\n",sum);
}
运行情况如下:
1↙
55

15↙
0
```

```
main()
{
int sum＝0,i;
scanf("％d",&i);
do
{sum＝sum＋i;
i++;
}while(i<＝10);
printf("％d\n",sum);
}
运行情况如下:
1↙
55

15↙
15
```

可以看到:当输入的 i 值小于或等于 10 时,这两个运行结果相同。而当 i 大于 10 时,两者结果就不同了。这是因为此时对 while 循环来说,条件不满足,循环体部分一次都不会执行,而 do...while 循环则是先执行一次循环体,再进行条件判断为假后,终止循环。因此不难得出如下结论,当程序执行中的条件使得 while 后面的表达式的第一次判断值为"真"时,两种循环得到的结果是相同的,否则,两者结果不同。

4.4 循环比较

(1)三种循环都可以用来处理同一问题,一般情况下它们可以相互代替。

(2)while 和 do...while 循环,只在 while 后面指定循环条件,在循环体中应包含使循环趋向于结束的语句,通常是对循环控制变量的增减运算,如:i++,i—等。

for 循环可以在表达式 3 中包含使循环趋向于结束的操作,因此 for 语句的功能更强,但凡是 while 循环能完成的,用 for 循环都能实现。

(3)用 while 和 do...while 循环时,循环变量初始化的操作应在 while 和 do...while 语句之前完成。而 for 语句可以在表达式 1 中实现循环变量的初始化。

(4)while 和 for 循环是先判断表达式,后执行语句;而 do...while 循环是先执行语句,后判断表达式。

4.5 循环的嵌套

一个循环体内又包含另一个完整的循环结构,称为循环的嵌套。内嵌的循环中还可以嵌套循环,这就是多层循环。各种编程语言中都允许循环的嵌套。

C语言中三种循环可以相互嵌套,形式如下:

(1) while()

   {…

   while()

   {…}

   }

(2) do

     {…

     do

       {…}

       while();

     }

     while();

(3) for(;;)

   {…

   for(;;)

       {…}

   }

(4) while()

   {…

   do

     {…}

     while();

   }

(5) for(;;)

   {…

   while()

       {…}

   }

(6) do

```
{…
    for(;;)
        {…}
    }
    while();
```

【例 4.5】编写程序求解式子 1!＋2!＋3!＋…＋10! 的结果。

```
#include<stdio.h>
void main()
{
    int i,j;
    double t,s;
    s=0;
    for(i=1;i<=10;i++)
        {t=1;
        for(j=1;j<=i;j++)
            t*=j;
        s+=t;}
printf("1!＋2!＋3!＋…＋10! ＝%f\n",s)
}
```

4.6 break 语句与 continue 语句

1. break 语句

一般形式：**break;**

在 switch 结构中，我们已经使用过 break，知道它的功能是"跳出"。实际上，除了在 switch 中，break 还可以在循环体内发挥作用，同样是跳出循环，即提前结束循环，接着执行循环后面的语句。

在循环中一旦执行 break 语句，无论该循环预设需要执行多少次，都会立刻结束，剩余的循环将不再继续执行。

break 语句不能用于循环和 switch 语句之外的任何其他语句。

【例 4.6】break 语句例程。

```
#include<stdio.h>
void main()
{
    int i=1;
    int sum=0;
```

```
do
{if(sum>4) break;
sum+=2;
i++;
}
while(i<=5);
printf("i=%d\n",i);
printf("The sum is %d.\n",sum);
}
```

运行结果为:

i=4

The sum is 6.

分析:

(1)第一次执行循环:sum 初值为 0,sum>4 不成立,sum=sum+2=2,*i* 的值变为 2,i<=5 成立,循环继续;

(2)第二次执行循环:sum 值为 2,sum>4 不成立,sum=sum+2=4,*i* 的值变为 3,i<=5 成立,循环继续;

(3)第三次执行循环:sum 值为 4,sum>4 不成立,sum=sum+2=4,*i* 的值变为 4,i<=5 成立,循环继续;

(4)第四次执行循环:sum 的值为 6,sum>4 成立,此时执行 break 语句,循环结束。

2. continue 语句

一般形式:**continue**;

其作用为结束本次循环,即跳过当前循环体中下面尚未执行的语句,直接进入下一次循环是否执行的判定环节。

continue 和 break 的区别:continue 只结束本次循环,而不是终止整个循环。而 break 语句则是结束循环,不再进行条件判断。

【例 4.7】编写将 1～20 之间不能被 2 整除的数输出的程序。

```
#include<stdio.h>
void main()
{
    int i;
    for(i=1;i<=20;i++)
    {if(i%2==0) continue;
    printf("%d ",i);
    }
```

```
        printf("\n");
    }
```

运行结果为:

1 3 5 7 9 11 13 15 17 19

分析:该程序中,当变量 i 对 2 取余数时,如果为 0,则意味着 i 能被 2 整除,此时执行 continue 语句,程序将提前结束当次循环,跳到 for 语句的表达式 3 处准备进入下一轮循环,而循环体内的 printf 语句本次就不被执行。

课 后 练 习 题

1. 选择题

(1)设有如下程序段,则下面描述正确的是( )。

```
    int k=10;
    while (k=0)
        k=k-1;
```

  A. 循环体语句执行一次   B. while 循环执行 10 次

  C. 循环是无限循环   D. 循环体语句一次也不执行

(2)下列程序段执行后,变量 x 的值是( )。

```
    for(x=2;x<10;x+=3);
```

  A. 2   B. 8   C. 5   D. 11

(3)以下程序段( )。

```
    x=-1;
    do
    { x=x*x;}while(! x);
```

  A. 有语法错误   B. 循环执行二次   C. 是死循环   D. 循环执行一次

(4)以下描述中正确的是( )。

  A. while、do...while、for 循环中的循环体语句都至少被执行一次

  B. do...while 循环中,while(表达式)后面的分号可以省略

  C. while 循环体中,一定要有能使 while 后面表达式的值变为"假"的操作

  D. do...while 循环中,根据情况可以省略 while

(5)下面有关 for 循环的正确描述是( )。

  A. for 循环是先执行循环体语句,后判断表达式

  B. for 循环只能用于循环次数已经确定的情况

  C. for 循环中,不能用 break 语句跳出循环体

  D. for 循环的循环体语句中,可以包含多条语句,但必须用花括号括起来

(6)以下正确的描述是( )。

A. 从多层循环嵌套中退出,只能使用 goto 语句

B. 在循环体内使用 break 语句或 continue 语句的作用相同

C. 只能在循环体内和 switch 语句体内使用 break 语句

D. continue 语句的作用是结束整个循环的执行

(7)设 i,j 均为 int 类型的变量,则以下程序段中执行完成后,打印出的"OK"数是( )。

```
for (i=5;i>0;--i)
{
        for(j=0;j<4;j++)
        {
                printf("%s","OK");
        }
}
```

A. 30   B. 20   C. 24   D. 25

(8)以下程序的功能是计算一个整数的各位数字之和,正确的语句是( )。

```
#include<stdio.h>
int main()
{int n,m=0;
  scanf("%d",&n);
  for( ;n!=0;n/=10)
    {m              ;
}
printf("%d\n",m);
  return 0;
}
```

A. =n/10   B. +=n%10   C. +=n   D. =n%10

(9)下面程序的运行结果是( )。

```
#include<stdio.h>
int main()
{ int y=10;
  do
      {y--;}while(--y);
      printf("%d\n",y--);
      return 0;}
```

A. 1   B. -1   C. 0   D. 8

(10)下面程序的运行结果是(　　)。

```
#include <stdio.h>
int main( )
{int a,b;
    for( a=1, b=1; a<=100; a++)
    { if(b>=20)   break;
      if(b%3==1) {b+=3;continue;}
      b-=5;
    }
    printf("%d\n",a);
return 0;
}
```

A. 8　　　　　　　　B. 7　　　　　　　　C. 10　　　　　　　D. 9

2. 填空题

(1)下面程序的功能是计算 1-3+5-7+…-99+101 的值,在横线处填上相应语句。

```
#include<stdio.h>
int main( )
{
    int i,t=1,s=0;
    for(i=1;i<=101;i+=2)
    {
    _____;
    s=s+t;
    _____;
    }
    printf("%d\n",s);
    return 0;
}
```

(2)下面程序的功能是输出 1~100 之间每位数的乘积大于每位数的和的数,在横线填上相应语句。

```
#include<stdio.h>
int main( )
{
    int n,k=1,s=0,m;
    for(n=1;n<=100;n++)
        {
```

```
        k=1;
        s=0;
        _____;
        while()
        {
        k*=m%10;
        s+=m%10;
        _____;
        }
        if(k>s)
            printf("%d\n",n);
        }
}
```

(3)下面程序的功能是打印 100 以内个位数为 6,且能被 3 整除的所有数,在横线处填上相应语句。

```
#include<stdio.h>
int main( )
{
    int i,j;
    for(i=0;_____;i++)
    {
j=i*10+6;
if(_____)
    continue;
printf("%d\n",j);
}
return 0;
}
```

3. 编程题

(1)求自然数 1 到 100 的和,即 1+2+3+⋯+99+100。

(2)编写程序,求 $S=1+1/2+1/3+\cdots+1/n$,直到最后一项 $1/n$ 的值小于 10^{-6}。

(3)爱因斯坦的阶梯问题:设有一阶梯,每步跨 2 阶,最后余 1 阶;每步跨 3 阶,最后余 2 阶;每步跨 5 阶,最后余 4 阶;每步跨 6 阶,最后余 5 阶;只有每步跨 7 阶时,正好到阶梯顶。问共有多少阶梯?

(4)百钱百鸡问题:100 元钱买 100 只鸡,公鸡一只 5 元钱,母鸡一只 3 元钱,小鸡 1 元钱三只,求 100 元钱能买公鸡、母鸡、小鸡各多少只?

模块 5　结构化程序设计之——函数

5.1　结构化程序设计思想和优点

模块化程序设计的基本思想是将一个大程序按功能分割成一些模块,使每个模块成为功能单一、结构清晰、接口简单、易于理解的小程序。采用自顶向下、逐步求精及模块化的程序设计方法,使用三种基本控制结构组建程序,如同搭积木一样。

自顶向下:程序设计时,应先考虑总体,后考虑细节;先考虑全局目标,后考虑局部目标。不要一开始就过多追求众多的细节,先从最上层总目标开始设计,逐步使问题具体化。

逐步细化:对复杂问题,应设计一些子目标作为过渡,逐步细化。

模块化:一个复杂问题,肯定是由若干稍简单的问题构成。模块化是把程序要解决的总目标分解为子目标,再进一步分解为具体的小目标,把每一个小目标称为一个模块。比如设计一个温度报警系统是一个总目标,按照系统的几个基本功能,可以划分为温度采集、数据处理、比较和输出结果这几个子目标,然后再对子目标进行进一步的分解。

由于模块间相互独立,因此在设计其中一个模块时,不会受到其他模块的影响,可将原来较为复杂的问题化简为一系列简单模块的设计。模块的独立性还为扩充已有的系统、建立新系统带来了不少的方便,因为我们可以充分利用现有的模块作积木式的扩展。比如设计一个湿度报警系统,除了湿度数据的采集和处理部分需要设计不同的模块之外,最终结果的输出使用温度报警系统中的模块,进行简单修改就可以直接用。

结构化程序设计的优点:

(1)整体思路清楚,目标明确。

(2)设计工作中阶段性非常强,有利于系统开发的总体管理和控制。

(3)在系统分析时可以诊断出原系统中存在的问题和结构上的缺陷。

按照结构化程序设计的思路,我们将功能复杂的 C 程序分为几个独立的模块,这样的有独立功能的模块称为函数。每一个程序由一个或者多个函数构成,但并不是所有的函数都是相同地位,其中有一个函数处于主导地位,也就是我们称之为主函数的 main()。每一个程序中必须有且只能有一个主函数,其他函数可以有 0 个或者多个,主函数可以调用其他函数,其他函数也可以互相调用,但程序的执行都是从主函数开始,其他函数也不可以调用主函数。如

main()

{函数 A;

函数 B;

......

函数 N;

}

该程序的执行就从主函数 main()开始,按照主函数中确定好的函数调用顺序,先执行 A,再执行 B,最后执行 N。

5.2 函数的定义与调用

在前面已经介绍过,C 源程序是由函数组成的。虽然在前面各章的程序中大都只有一个主函数 main(),但实用程序往往由多个函数组成。C 语言不仅提供了极为丰富的库函数(如 Turbo C、MS C 都提供了三百多个库函数),还允许用户建立自己定义的函数。用户可把自己的代码编成一个个相对独立的函数模块,然后用调用的方法来使用它们。可以说 C 程序的全部工作都是由各式各样的函数完成的,所以也把 C 语言称为函数式语言。

由于采用了函数模块式的结构,C 语言易于实现结构化程序设计。使程序的层次结构清晰,便于程序的编写、阅读、调试。

在 C 语言中可从不同的角度对函数分类。

(1)从函数定义的角度,可分为库函数和用户定义函数。

①库函数:由 C 系统提供,用户无须定义,也不必在程序中做类型说明,只需在程序

代码的开头包含有该函数原型的头文件即可在程序中直接调用。在前面各模块的例题中反复用到 printf、scanf、getchar、putchar、gets、puts、strcat 等函数均属此类。

②用户定义函数:由用户按实际需求自行编写的函数。对于用户自定义函数,不仅要在程序中定义函数本身,而且在主调函数模块中还必须对该被调函数进行类型说明,然后才能使用。

(2)按照函数执行的结果,可分为有返回值函数和无返回值函数。

①有返回值函数:此类函数被调用执行完后将向调用者输送一个执行结果,称为函数返回值。这类函数的标志就是在函数定义部分的最后一句话必然是 return 语句。如数学函数即属于此类函数。由用户定义的这种要返回函数值的函数,必须在函数定义和函数说明中明确返回值的类型。

②无返回值函数:此类函数用于完成某项特定的处理任务,执行完成后不向调用者输送任何数值。由于函数无须返回值,用户在定义此类函数时常常指定它的返回为"空类型",空类型的说明符为"void"。

(3)从主调函数和被调函数之间数据传送的角度,可分为无参函数和有参函数。

①无参函数:函数定义、函数说明及函数调用中均不带参数。主调函数和被调函数之间不进行参数传送。此类函数通常用来完成一组指定的功能,可以返回或不返回函数值。

②有参函数:也称为带参函数。在函数定义及函数说明时都有参数,称为形式参数(简称为形参)。在函数调用时也必须给出参数,称为实际参数(简称为实参)。进行函数调用时,主调函数将把实参的值传送给形参,供被调函数使用。

(4)库函数可从功能角度分为多种类型。

①字符类型分类函数:用于对字符按 ASCII 码分类:字母、数字、控制字符、分隔符、大小写字母等。

②转换函数:用于字符或字符串的转换;在字符量和各类数字量(整型、实型等)之间进行转换;在大、小写之间进行转换。

③目录路径函数:用于文件目录和路径操作。

④诊断函数:用于内部错误检测。

⑤图形函数:用于屏幕管理和各种图形功能。

⑥输入输出函数:用于完成输入输出功能。

⑦接口函数:用于与 DOS、BIOS 和硬件的接口。

⑧字符串函数:用于字符串操作和处理。

⑨内存管理函数:用于内存管理。

⑩数学函数:用于数学函数计算。

⑪日期和时间函数:用于日期、时间转换操作。

⑫进程控制函数:用于进程管理和控制。

⑬其他函数:用于其他各种功能。

以上各类函数不仅数量多,而且有的还需要硬件知识才会使用,因此要想全部掌握则需要一个较长的学习过程。应首先掌握一些最基本、最常用的函数,再逐步深入。库函数的功能可根据需要查阅有关手册。

注意:在 C 语言中,所有的函数定义,包括主函数 main 在内,都是平行且独立的。也就是说,在一个函数的函数体内,不能再定义另一个函数,即不能嵌套定义。但是函数之间允许相互调用,也允许嵌套调用。习惯上把调用者称为主调函数。函数还可以自己调用自己,称为递归调用。

5.2.1 函数的定义

首先,看一个素数求和程序的主体部分(见图 5-1),其基本算法是先确定数字的范围,然后对该范围中的每一个数进行判断是否为素数,再将确认为素数的数字相加得到总和。

```c
scanf("%d %d", &m, &n);
// m=10,n=31;
if ( m==1 ) m=2;
for ( i=m; i<=n; i++ ) {
    int isPrime = 1;
    int k;
    for ( k=2; k<i-1; k++ ) {
        if ( i%k == 0 ) {
            isPrime = 0;
            break;
        }
    }
    if ( isPrime ) {
        sum += i;
        cnt++;
    }
}
printf("%d %d\n", cnt, sum);
```

图 5-1 素数求和程序主体代码

其中,第一级 for 循环的循环体部分的功能值得重点关注,其主要用于判断某一个数是否为素数(见图 5-2)。如果将程序中有具体功能的语句单独提出来就形成了一个相对独立的小程序,这就是函数。

```c
int isPrime(int i)
{
    int ret = 1;
    int k;
    for ( k=2; k<i-1; k++ ) {
        if ( i%k == 0 ) {
            ret = 0;
            break;
        }
    }
    return ret;
}
```

图 5-2 素数判断功能代码

该函数的功能就是判断变量 i 是否为素数,判断结果用变量 ret 的值来表示,如果是素数,则 $ret=1$,如果不是素数,则 $ret=0$。至此,前文中素数求和的程序就可以分为两个相互独立的部分,首先是判断是否为素数,其次是根据判断的结果将确定为素数的相加求和。

函数的定义形式如下:

```
类型标识符函数名(形式参数列表)        //函数头
      ┌声明部分                        //函数体
      │语句                            //函数体
      └}
```

一个完整的函数定义分为函数头和函数体两大部分。

函数头主要包括类型标识符、函数名和形式参数列表(非必要项),用来说明该函数的一些定义信息。

类型标识符指明了函数类型即函数的返回值的类型。在有的情况下不要求函数有返回值,此时函数类型符可以写为 void。有返回值的函数可以根据返回值的数据类型指明函数类型,如 int、char、float 等。

函数名是由用户定义的标识符,最好选择能够表示函数功能的词。

函数名后括号中是该函数要用到的形式参数表列,在形参表中给出的参数称为形式参数,它们可以是各种类型的变量,各参数需要单独说明数据类型,并用逗号隔开。在进行函数调用时,主调函数将赋予这些形式参数实际的值。无论有没有形式参数,括号都不能省略。

{}中的内容称为函数体。在函数体中的声明部分,是对函数体内部所用到的变量的类型说明。声明语句之外的,都是函数功能的具体执行语句。

我们可以将模块 1 中一个简单的 Hello world 程序改为一个函数,如下:

```
void Hello()
    {
        printf ("Hello,world \n");
    }
```

这里,只把 main 改为 Hello 作为函数名,其余不变。Hello 函数是一个无参函数,当被其他函数调用时,输出 Hello world 字符串。

又例如,定义一个函数,用于求两个数中的大数,可写为:

```
int max(int a, int b)
    {
        if (a>b) return a;
        else return b;
    }
```

第一行说明 max 函数是一个整型函数,其返回的函数值是一个整数。形参为 a,b, 均为整型量。a,b 的具体值是由主调函数在调用时传送过来的。在{}中的函数体内,除形参外没有使用其他变量,因此只有语句而没有声明部分。在 max 函数体中的 return 语句是把 a(或 b)的值作为函数的值返回给主调函数。有返回值函数中至少应有一个 return 语句。

在 C 程序中,一个函数的定义可以放在任意位置,既可放在主函数 main 之前,也可放在 main 之后。

【例 5.1】

```
int max(int a,int b)              //函数定义
{
    if(a>b)return a;
    else return b;
}
main()
{
    int max(int a,int b);         //函数声明
    int x,y,z;
    printf("input two numbers:\n");
    scanf("%d%d",&x,&y);
    z=max(x,y);                   //函数调用
    printf("maxmum=%d",z);
}
```

现在可以从函数定义、函数说明及函数调用的角度来分析整个程序,从中进一步了解函数的各种特点。

程序的第 1 行至第 5 行为 max 函数定义。进入主函数后,因为准备调用 max 函数,故先对 max 函数进行说明(程序第 8 行)。函数定义和函数说明并不是一回事,在后文中还要专门讨论。可以看出,函数说明与函数定义中的函数头部分相同,但是末尾要加分号。程序第 12 行为调用 max 函数,并把 x,y 中的值传送给 max 的形参 a,b。max 函数执行的结果(a 或 b)将返回给变量 z。最后由主函数输出 z 的值。

1. 函数的参数

函数的参数分为形参和实参两种。形参出现在函数定义中,只在函数范围内有效。实参出现在主调函数中,进入被调函数后,实参变量将数值传递给形参后,由形参参与数据运算。形参和实参的功能是作数据传送。

函数的形参和实参具有以下特点:

(1)形参变量只有在被调用时才分配内存单元,在调用结束时,即刻释放所分配的内

存单元。因此,形参只有在函数内部有效。函数调用结束返回主调函数后则不能再使用该形参变量。

(2)实参可以是常量、变量、表达式、函数等,无论实参是何种类型的量,在进行函数调用时,它们都必须具有确定的值,以便把这些值传送给形参。因此应预先用赋值、输入等办法使实参获得确定值。

(3)实参和形参在数量、类型、顺序上应严格一致,否则会发生类型不匹配的错误。

(4)函数调用中发生的数据传送是单向的。即只能把实参的值传送给形参,而不能把形参的值反向地传送给实参。因此在函数调用过程中,形参的值发生改变,而实参中的值不会变化。

【例 5. 2】

```
main()
{
    int s(int n);    //函数声明
    int n;           //主函数中的实参 n
    printf("input number\n");
    scanf("%d",&n);
    s(n);            //函数调用
    printf("n=%d\n",n);
}
int s(int n)         //函数定义,形参 n
{
    int i;
    for(i=n-1;i>=1;i--)
        n=n+i;
    printf("n=%d\n",n);
}
```

本程序中定义了一个函数 s,该函数的功能是求 $\sum ni$ 的值。在主函数中输入 n 的值,并作为实参,在调用时传送给函数 s 的形参量 n(注意,本例的形参变量和实参变量的标识符都为 n,但这是两个不同的量,各自的作用域不同)。在主函数中用 printf 语句输出一次 n 值,这个 n 值是实参 n 的值。在函数 s 中也用 printf 语句输出了一次 n 值,这个 n 值是形参最后取得的 n 值 0。从运行情况看,输入 n 值为 100。即实参 n 的值为100。把此值传给函数 s 时,形参 n 的初值也为 100,在执行函数过程中,形参 n 的值变为5050。返回主函数之后,输出实参 n 的值仍为 100。可见实参的值不随形参的变化而变化。

2. 函数的返回值

函数的值是指函数被调用之后,执行函数体中的程序段所取得的并返回给主调函数的值。如调用正弦函数取得正弦值,调用例 5.1 的 max 函数取得的最大数等。对函数的值(或称函数返回值)有以下一些说明:

(1)函数的值只能通过 return 语句返回主调函数。

return 语句的一般形式为:

```
return 表达式;
```

或者为:

```
return(表达式);
```

该语句的功能是计算表达式的值,并返回给主调函数。在函数中允许有多个 return 语句,但每次调用只有其中一个 return 语句被执行,因此只能返回一个函数值。

(2)函数值的类型和函数定义中函数的类型应保持一致。如果两者不一致,则以函数类型为准,自动进行类型转换。

(3)如函数值为整型,在函数定义时可以省去类型说明。如 sum(int i)默认为该函数的返回值为 int 型。

(4)无返回函数值的函数,可以明确定义为"空类型",类型说明符为"void"。如例 5.2 中函数 s 并不向主函数返函数值,因此可定义为:

void s(int n)

{……

}

函数被定义为空类型后,就不能在主调函数中使用被调函数的函数值了。例如,在定义 s 为空类型后,在主函数中写下述语句就是错误的。

sum=s(n);

为了使程序有良好的可读性并减少出错,凡不要求返回值的函数都应定义为空类型。

5.2.2 函数的调用

函数调用的一般格式为:

```
函数名(实际参数表)
```

实际参数表中的参数以逗号隔开,可以是常数、变量或其他构造类型数据及表达式。无论是何种形式,要求实参的个数和数据类型要与函数定义中的形参一一对应。如果调用的是无参函数,则实参表也为空。

在 C 语言中,可以用以下几种方式调用函数:

(1)函数表达式:被调函数作为表达式的一部分,以函数返回值参与表达式的运算。例如,z＝max(x,y)是一个赋值表达式,把 max 的返回值赋予变量 z。

(2)函数语句:函数调用的一般形式加上分号即构成函数语句。例如,printf("％d", a);scanf("％d",＆b);都是以函数语句的方式调用函数。

(3)函数实参:函数作为另一个函数调用的实际参数出现。这种情况是把该函数的返回值作为实参进行传送,因此要求该函数必须是有返回值的。例如,printf("％d", max(x,y));就是把 max 调用的返回值又作为 printf 函数的实参来使用的。

1.嵌套调用

C 语言中不允许作嵌套的函数定义,也就是说不能在一个函数体内定义另一个函数。因此各函数之间是平行的,不存在上一级函数和下一级函数的问题。但是 C 语言允许在一个函数的定义中出现对另一个函数的调用。这样就出现了函数的嵌套调用。即在被调函数中又调用其他函数。这与其他语言的子程序嵌套的情形是类似的。其关系可表示如图 5-3 所示。

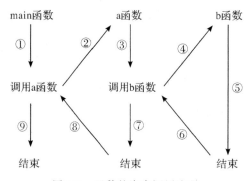

图 5-3 函数的嵌套调用流程

其执行过程是:执行 main 函数中调用 a 函数的语句时,即转去执行 a 函数,在 a 函数中调用 b 函数时,又转去执行 b 函数,b 函数执行完毕返回 a 函数的断点继续执行,a 函数执行完毕返回 main 函数的断点继续执行。

【例 5.3】编写程序,计算 $s＝2^2!＋3^2!$。

分析:本题可编写两个函数,一个是用来计算平方值的函数 f1,另一个是用来计算阶乘值的函数 f2。主函数先调 f1 计算出平方值,再在 f1 中以平方值为实参,调用 f2 计算其阶乘值,然后返回 f1,再返回主函数,在循环程序中计算累加和。

```
long f1(int p)
{
    int k;
    long r;
    long f2(int);
```

```
        k=p*p;
        r=f2(k);
        return r;
}
long f2(int q)
{
        long c=1;
        int i;
        for(i=1;i<=q;i++)
            c=c*i;
        return c;
}
main()
{
        int i;
        long s=0;
        for (i=2;i<=3;i++)
            s=s+f1(i);
        printf("\ns=%ld\n",s);
}
```

在程序中,函数 f1 和 f2 均为长整型,都在主函数之前定义,故不必再在主函数中对 f1 和 f2 加以说明。在主程序中,执行循环程序依次把 i 值作为实参调用函数 f1 求 $i2$ 的值。在 f1 中又发生对函数 f2 的调用,这时是把 $i2$ 的值作为实参去调 f2,在 f2 中完成求 $i2!$ 的计算。f2 执行完毕把 C 值(即 $i2!$)返回给 f1,再由 f1 返回主函数实现累加。至此,由函数的嵌套调用实现了题目的要求。由于数值很大,所以函数和一些变量的类型都说明为长整型,否则会造成计算错误。

2.递归调用

在调用一个函数的过程中又直接或者间接的调用该函数本身,这就是函数的递归调用,这个函数就称为递归函数。递归调用的次数称为递归深度。

(1)直接递归。在某函数中直接调用该函数本身,称为直接递归调用。

例如:

```
int func(int a)
{int b,c;
c=func(b);
```

...

}

(2)间接递归。在 A 函数中调用 B 函数,B 函数又调用 A 函数,这就构成了函数自身的间接调用,称为间接递归调用。

例如:

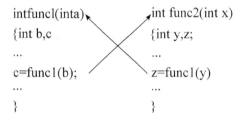

注意:这两种递归都无法自动终止自身的调用,因此在递归调用过程中,应该含有某种条件控制递归调用的结束,是这个递归过程是有限的,可以终止的。常用的做法,是用 if 语句来构建只在某一条件成立时才继续执行递归,否则就终止。

5.3 变量的作用域、生存期以及存储类别

C 语言是一种函数式语言,既然在一个完整的程序中有多个函数,在函数定义中非常重要的一个元素叫作形参,它的作用是在函数被调用的过程中,接收实参的数值,然后参与某种函数体中定义好的运算。在函数调用结束后,形参就不存在了。这就意味着变量不是在整个程序范围内有效的,那么这种"不存在"包含两方面的意义:空间和时间。变量的空间概念就是指变量的作用域,时间则是指变量的生存期。

5.3.1 作用域

如果一个 C 程序只包含一个 main 函数,数据的作用范围比较简单,在函数中定义的变量在本函数中显然是有效的。但是,若一个程序包含多个函数,就会产生一个问题:在 A 函数中定义的变量在 B 函数中能否使用? 这就是变量的作用域问题。

变量的作用域是指变量在程序中的有效作用范围。

从作用域角度来区分,C 语言中的变量可以分为局部变量和全局变量。

1.局部变量

局部变量也称为内部变量。局部变量是在函数内作定义说明的。其作用域仅限于函数内,离开该函数后再使用这种变量是非法的。

例如:

```
int f1(int a)        /* 函数 f1 */
{
int b,c;
```

```
    …
    }
a,b,c 有效
int f2(int x)                /* 函数 f2 */
{
int y,z;
    …
}
x,y,z 有效
main()
{
    int m,n;
    …
    }
```

m,n 有效

在函数 f1 内定义了三个变量, a 为形参, b, c 为一般变量。在 f1 的范围内 a, b, c 有效,或者说 a, b, c 变量的作用域限于 f1 内。同理, x, y, z 的作用域限于 f2 内。 m, n 的作用域限于 main 函数内。关于局部变量的作用域还要说明以下几点:

(1)主函数中定义的变量也只能在主函数中使用,不能在其他函数中使用。同时,主函数中也不能使用其他函数中定义的变量。因为主函数也是一个函数,它与其他函数是平行关系。这一点是与其他语言不同的,应予以注意。

(2)形参变量是属于被调函数的局部变量,实参变量是属于主调函数的局部变量。

(3)允许在不同的函数中使用相同的变量名,它们代表不同的对象,分配不同的单元,互不干扰,也不会发生混淆。如在前例中,形参和实参的变量名都为 n ,是完全允许的。

(4)在复合语句中也可定义变量,其作用域只在复合语句范围内。

例如:

```
main()
{
int s,a;
    …
{
int b;
s＝a+b;
    …                /* b 作用域 */
```

```
        }
   …                   /*s,a作用域*/
        }
```

【例5.4】

```
main()
{
    int i=2,j=3,k;
    k=i+j;
    {
        int k=8;
        printf("%d\n",k);
    }
    printf("%d\n",k);
}
```

分析：

本程序在 main 中定义了 i,j,k 三个变量，其中 k 未赋初值。而在复合语句内又定义了一个变量 k，并赋初值为8。应该注意这两个 k 不是同一个变量。在复合语句外由 main 定义的 k 起作用，而在复合语句内则由在复合语句内定义的 k 起作用。因此，程序第4行的 k 为 main 所定义，其值应为5。第7行输出 k 值，该行在复合语句内，由复合语句内定义的 k 起作用，其初值为8，故输出值为8，第9行输出 i,k 值。i 是在整个程序中有效的，第7行对 i 赋值为3，故输出也为3。而第9行已在复合语句之外，输出的 k 应为 main 所定义的 k，此 k 值由第4行已获得为5，故输出也为5。

2.全局变量

全局变量也称为外部变量，它是在函数外部定义的变量。它不属于哪一个函数，它属于一个源程序文件，其作用域是整个源程序。在函数中使用全局变量，一般应作全局变量说明。只有在函数内经过说明的全局变量才能使用。全局变量的说明符为 extern。但在一个函数之前定义的全局变量，在该函数内使用可不再加以说明。

例如：

```
int a,b;              /*外部变量*/
    void f1()         /*函数 f1*/
    {
        …
    }
float x,y;            /*外部变量*/
    int fz()          /*函数 fz*/
```

```
    {
        ...
    }
    main()              /* 主函数 */
    {
        ...
    }
```

从上例可以看出 a,b,x,y 都是在函数外部定义的外部变量,都是全局变量。但 x,y 定义在函数 f1 之后,而在 f1 内又无对 x,y 的说明,所以它们在 f1 内无效。a,b 定义在源程序最前面,因此在 f1,f2 及 main 内不加说明也可使用。

【例 5.5】输入正方体的长宽高 l,w,h。求体积及三个面 $x*y,x*z,y*z$ 的面积。

```
int s1,s2,s3;
int vs(int a,int b,int c)
{
    int v;
    v=a*b*c;
    s1=a*b;
    s2=b*c;
    s3=a*c;
    return v;
}
main()
{
int v,l,w,h;
printf("\ninput length,width and height\n");
scanf("%d%d%d",&l,&w,&h);
v=vs(l,w,h);
printf("\nv=%d,s1=%d,s2=%d,s3=%d\n",v,s1,s2,s3);
}
```

【例 5.6】外部变量与局部变量同名的特殊情况。

```
int a=3,b=5;          /* a,b 为外部变量 */
max(int a,int b)      /* a,b 为外部变量 */
{int c;
c=a>b? a:b;
return(c);
```

```
}
main()
{int a=8;
printf("%d\n",max(a,b));
}
```

如果同一个源文件中,外部变量与局部变量同名,则在局部变量的作用范围内,外部变量被"屏蔽",即它不起作用。

5.3.2 变量的生存期

前面已经介绍了,从变量的作用域(即从空间)角度来分,可以分为全局变量和局部变量。

另一个角度,从变量值存在的作用时间(即生存期)角度来分,可以分为静态存储方式和动态存储方式。

静态存储方式是指在程序运行期间分配固定的存储空间的方式。

动态存储方式是在程序运行期间根据需要进行动态的分配存储空间的方式。

用户存储空间可以分为三个部分:

(1)程序区。

(2)静态存储区。

(3)动态存储区。

全局变量全部存放在静态存储区,在程序开始执行时给全局变量分配存储区,程序运行完毕就释放。在程序执行过程中它们占据固定的存储单元。

动态存储区存放以下数据:

(1)函数形式参数。

(2)自动变量(未加 static 声明的局部变量)。

(3)函数调用实的现场保护和返回地址。

对以上这些数据,在函数开始调用时分配动态存储空间,函数结束时释放这些空间。

5.3.3 变量的存储类别

1. auto 类型

函数中的局部变量,如无特殊说明,都是动态地分配存储空间的,数据存储在动态存储区中。函数中的形参和在函数中定义的变量(包括在复合语句中定义的变量),都属此类,在调用该函数时系统会给它们分配存储空间,在函数调用结束时就自动释放这些存储空间。这类局部变量称为自动变量。自动变量用关键字 auto 作存储类别的声明。

例如:

```
int f(int a)          /* 定义 f 函数,a 为参数 */
{auto int b,c=3;      /* 定义 b,c 自动变量 */
```

...

}

a 是形参,b,c 是自动变量,对 c 赋初值 3。执行完 f 函数后,自动释放 a,b,c 所占的存储单元。

关键字 auto 可以省略,auto 不写则隐含定为"自动存储类别",属于动态存储方式。

2. static 类型

有时希望函数中的局部变量的值在函数调用结束后不消失而保留原值,这时就应该指定局部变量为"静态局部变量",用关键字 static 进行声明。

【例 5.7】考察静态局部变量的值。

```
f(int a)
{auto b=0;
static c=3;
b=b+1;
c=c+1;
return(a+b+c);
}
main()
{int a=2,i;
for(i=0;i<3;i++)
printf("%d",f(a));
}
```

对静态局部变量的说明:

(1)静态局部变量属于静态存储类别,在静态存储区内分配存储单元。在程序整个运行期间都不释放。而自动变量(即动态局部变量)属于动态存储类别,占动态存储空间,函数调用结束后即释放。

(2)静态局部变量在编译时赋初值,即只赋初值一次;而对自动变量赋初值是在函数调用时进行,每调用一次函数重新给一次初值,相当于执行一次赋值语句。

(3)如果在定义局部变量时不赋初值的话,则对静态局部变量来说,编译时自动赋初值 0(对数值型变量)或空字符(对字符变量)。而对自动变量来说,如果不赋初值则它的值是一个不确定的值。

【例 5.8】打印 1 到 5 的阶乘值。

```
int fac(int n)
{static int f=1;
f=f*n;
```

```
return(f);
}
main()
{int i;
for(i=1;i<=5;i++)
printf("%d! =%d\n",i,fac(i));
}
```

3. register 变量

为了提高效率，C 语言允许将局部变量的值放在 CPU 中的寄存器中，这种变量叫"寄存器变量"，用关键字 register 作声明。

【例 5.9】使用寄存器变量。

```
int fac(int n)
{register int i,f=1;
for(i=1;i<=n;i++)
    f=f*i
return(f);
}
main()
{int i;
for(i=0;i<=5;i++)
printf("%d! =%d\n",i,fac(i));
}
```

说明：

(1)只有局部自动变量和形式参数可以作为寄存器变量。

(2)一个计算机系统中的寄存器数目有限，不能定义任意多个寄存器变量。

(3)局部静态变量不能定义为寄存器变量。

5.4　预处理命令

在前面各章中，已多次使用过以"#"号开头的预处理命令。如包含命令#include，宏定义命令#define 等。在源程序中这些命令都放在函数之外，而且一般都放在源文件的前面，它们称为预处理部分。

所谓预处理是指在进行编译的第一遍扫描（词法扫描和语法分析）之前所做的工作。预处理是 C 语言的一个重要功能，它由预处理程序负责完成。当对一个源文件进行编译时，系统将自动引用预处理程序对源程序中的预处理部分做处理，处理完毕自动进入对源程序的编译。

C 语言提供了多种预处理功能,如宏定义、文件包含、条件编译等。合理地使用预处理功能编写的程序便于阅读、修改、移植和调试,也有利于模块化程序设计。本节介绍常用的几种预处理功能。

在 C 语言源程序中允许用一个标识符来表示一个字符串,称为"宏"。被定义为"宏"的标识符称为"宏名"。在编译预处理时,对程序中所有出现的"宏名",都用宏定义中的字符串去代换,这称为"宏代换"或"宏展开"。

宏定义是由源程序中的宏定义命令完成的。宏代换是由预处理程序自动完成的。

在 C 语言中,"宏"分为有参数和无参数两种。下面分别讨论这两种"宏"的定义和调用。

5.4.1　无参宏定义

无参宏的宏名后不带参数。

其定义的一般形式为:

♯**define　标识符字符串**

其中的"♯"表示这是一条预处理命令。凡是以"♯"开头的均为预处理命令。"define"为宏定义命令。"标识符"为所定义的宏名。"字符串"可以是常数、表达式、格式串等。

在前面介绍过的符号常量的定义就是一种无参宏定义。此外,常对程序中反复使用的表达式进行宏定义。

例如:

$$\sharp \text{define M } (y * y + 3 * y)$$

它的作用是指定标识符 M 来代替表达式 $(y*y+3*y)$。在编写源程序时,所有的 $(y*y+3*y)$ 都可由 M 代替,而对源程序作编译时,将先由预处理程序进行宏代换,即用 $(y*y+3*y)$ 表达式去置换所有的宏名 M,然后再进行编译。

【例 5.10】

```
♯define M (y*y+3*y)
main(){
    int s,y;
    printf("input a number：  ");
    scanf("%d",&y);
    s=3*M+4*M+5*M;
    printf("s=%d\n",s);
}
```

上例程序中首先进行宏定义,定义 M 来替代表达式 $(y*y+3*y)$,在 $s=3*M+4*M+5*M$ 中做了宏调用。在预处理时经宏展开后该语句变为:

$$s＝3*(y*y+3*y)+4*(y*y+3*y)+5*(y*y+3*y);$$

但要注意的是,在宏定义中表达式(y*y+3*y)两边的括号不能少。否则会发生错误。如当做以下定义后:

　　　　♯difine M y*y+3*y

在宏展开时将得到下述语句:

$$s＝3*y*y+3*y+4*y*y+3*y+5*y*y+3*y;$$

这相当于:

$$3y^2+3y+4y^2+3y+5y^2+3y;$$

显然与原题意要求不符。计算结果当然是错误的。因此在做宏定义时必须十分注意。应保证在宏代换之后不发生错误。

对于宏定义还要说明以下几点:

(1)宏定义是用宏名来表示一个字符串,在宏展开时又以该字符串取代宏名,这只是一种简单的代换,字符串中可以含任何字符,可以是常数,也可以是表达式,预处理程序对它不作任何检查。如有错误,只能在编译已被宏展开后的源程序时发现。

(2)宏定义不是说明或语句,在行末不必加分号,如加上分号则连分号也一起置换。

(3)宏定义必须写在函数之外,其作用域为宏定义命令起到源程序结束。如要终止其作用域可使用♯ undef命令。

例如:

```
♯define PI 3.14159
main()
{
    …
}
♯undef PI
f1()
{
    …
}
```

表示 PI 只在 main 函数中有效,在 f1 中无效。

(4)宏名在源程序中若用引号括起来,则预处理程序不对其作宏代换。

【例5.11】

```
♯define OK 100
main()
{
    printf("OK");
```

```
        printf("\n");
}
```

上例中定义宏名 OK 表示 100,但在 printf 语句中 OK 被引号括起来,因此不作宏代换。程序的运行结果为:OK,这表示把"OK"当字符串处理。

(5)宏定义允许嵌套,在宏定义的字符串中可以使用已经定义的宏名。在宏展开时由预处理程序层层代换。

例如:

    ♯ define PI 3.1415926

    ♯ define S PI * y * y   /* PI 是已定义的宏名 */

对语句:printf("%f",S);

在宏代换后变为:printf("%f",3.1415926 * y * y);

(6)习惯上宏名用大写字母表示,以便于与变量区别,但也允许用小写字母。

(7)可用宏定义表示数据类型,使书写方便。

例如:♯ define STU struct stu

在程序中可用 STU 作变量说明:STU body[5], * p;

               ♯ define INTEGER int

在程序中即可用 INTEGER 作整型变量说明:

                    INTEGER a,b;

应注意用宏定义表示数据类型和用 typedef 定义数据说明符的区别。

宏定义只是简单的字符串代换,是在预处理完成的,而 typedef 是在编译时处理的,它不是作简单的代换,而是对类型说明符重新命名。被命名的标识符具有类型定义说明的功能。

请看下面的例子:

    ♯ define PIN1 int *

    typedef (int *) PIN2;

从形式上看这两者相似,但在实际使用中却不相同。

下面用 PIN1,PIN2 说明变量时就可以看出它们的区别:

PIN1 a,b;在宏代换后变成:int * a,b;

表示 a 是指向整型的指针变量,而 b 是整型变量。

然而:PIN2 a,b;

表示 a,b 都是指向整型的指针变量。因为 PIN2 是一个类型说明符。由这个例子可见,宏定义虽然也可表示数据类型,但毕竟是作字符代换。在使用时要分外小心,以避免出错。

(8)对"输出格式"做宏定义,可以减少书写麻烦。

【例 5.12】对"输出格式"做宏定义。

♯ define P printf

```
#define D "%d\n"
#define F "%f\n"
main(){
    int a=5,c=8,e=11;
    float b=3.8,d=9.7,f=21.08;
    P(D F,a,b);
    P(D F,c,d);
    P(D F,e,f);
}
```

5.4.2 带参宏定义

C语言允许宏带有参数。在宏定义中的参数称为形式参数，在宏调用中的参数称为实际参数。

对带参数的宏，在调用中，不仅要宏展开，而且要用实参去代换形参。

带参宏定义的一般形式为：

#define   宏名(形参表)   字符串

在字符串中含有各个形参。

带参宏调用的一般形式为：

宏名(实参表)；

例如：

```
#define M(y)y * y+3 * y        /* 宏定义 */
    ...
    k=M(5);                    /* 宏调用 */
    ...
```

在宏调用时，用实参 5 去代替形参 y，经预处理宏展开后的语句为：

```
k=5 * 5+3 * 5
```

【例 5.13】

```
#define MAX(a,b) (a>b)? a:b
main()
{
    int x,y,max;
    printf("input two numbers：      ");
    scanf("%d%d",&x,&y);
    max=MAX(x,y);
    printf("max=%d\n",max);
}
```

上例程序的第一行进行带参宏定义,用宏名 MAX 表示条件表达式(a>b)? a:b,形参 a,b 均出现在条件表达式中。程序第七行 max＝MAX(x,y)为宏调用,实参 x,y,将代换形参 a,b。宏展开后该语句为:

max＝(x>y)? x:y;

用于计算 x,y 中的大数。

对于带参的宏定义有以下问题需要说明:

(1)带参宏定义中,宏名和形参表之间不能有空格出现。

例如把 ♯define MAX(a,b) (a>b)? a:b

写为 ♯define MAX （a,b） （a>b）? a:b

将被认为是无参宏定义,宏名 MAX 代表字符串(a,b)(a>b)? a:b。

宏展开时,宏调用语句 max＝MAX(x,y);将变为 max＝(a,b)(a>b)? a:b(x,y);这显然是错误的。

(2)在带参宏定义中,形式参数不分配内存单元,因此不必作类型定义。而宏调用中的实参有具体的值。要用它们去代换形参,因此必须作类型说明。这是与函数中的情况不同的。在函数中,形参和实参是两个不同的量,各有自己的作用域,调用时要把实参值赋予形参,进行“值传递”。而在带参宏中,只是符号代换,不存在值传递的问题。

(3)在宏定义中的形参是标识符,而宏调用中的实参可以是表达式。

【例 5.14】

```
♯define SQ(y) (y)*(y)
main()
{
  int a,sq;
  printf("input a number：   ");
  scanf("%d",&a);
  sq=SQ(a+1);
  printf("sq=%d\n",sq);
}
```

上例中第一行为宏定义,形参为 y。程序第七行宏调用中实参为 $a+1$,是一个表达式,在宏展开时,用 $a+1$ 代换 y,再用(y)*(y)代换 SQ,得到如下语句:

sq=(a+1)*(a+1);

这与函数的调用是不同的,函数调用时要把实参表达式的值求出来再赋予形参。而宏代换中对实参表达式不作计算直接地照原样代换。

(4)在宏定义中,字符串内的形参通常要用括号括起来以避免出错。在上例中的宏定义中(y)*(y)表达式的 y 都用括号括起来,因此结果是正确的。如果去掉括号,把程序改为以下形式:

【例 5.15】

```
#define SQ(y) y*y
main()
{
    int a,sq;
    printf("input a number：    ");
    scanf("%d",&a);
    sq=SQ(a+1);
    printf("sq=%d\n",sq);
}
```

运行结果为：

input a number：3

sq=7

同样输入 3,但结果却是不一样的。问题在哪里呢？这是由于代换只作符号代换而不作其他处理而造成的。宏代换后将得到以下语句：

```
    sq=a+1*a+1;
```

由于 a 为 3,故 sq 的值为 7。这显然与题意相违,因此参数两边的括号是不能少的。即使在参数两边加括号还是不够的,请看下面程序：

【例 5.16】

```
#define SQ(y) (y)*(y)
main()
{
    int a,sq;
    printf("input a number：    ");
    scanf("%d",&a);
    sq=160/SQ(a+1);
    printf("sq=%d\n",sq);
}
```

本程序与前例相比,只把宏调用语句改为：sq=160/SQ(a+1)。

运行本程序如输入值仍为 3 时,希望结果为 10。但实际运行的结果如下：

input a number：3

sq=160

为什么会得到这样的结果呢？分析宏调用语句,在宏代换之后变为：

```
    sq=160/(a+1)*(a+1);
```

a 为 3 时,由于"/"和"*"运算符优先级和结合性相同,则先作 160/(3+1)得 40,再

作 40 * (3+1) 最后得 160。为了得到正确答案应在宏定义中的整个字符串外加括号,程序修改如下:

【例 5.17】

```
#define SQ(y) ((y)*(y))
main()
{
    int a,sq;
    printf("input a number: ");
    scanf("%d",&a);
    sq=160/SQ(a+1);
    printf("sq=%d\n",sq);
}
```

以上讨论说明,对于宏定义不仅应在参数两侧加括号,也应在整个字符串外加括号。

(5)带参的宏和带参函数很相似,但有本质上的不同,除上面已谈到的各点外,把同一表达式用函数处理与用宏处理两者的结果有可能是不同的。

【例 5.18】

```
main(){
    int i=1;
    while(i<=5)
        printf("%d\n",SQ(i++));
}
SQ(int y)
{
    return((y)*(y));
}
```

【例 5.19】

```
#define SQ(y) ((y)*(y))
main(){
    int i=1;
    while(i<=5)
        printf("%d\n",SQ(i++));
}
```

在例 5.18 中函数名为 SQ,形参为 Y,函数体表达式为 $((y)*(y))$。在例 5.19 中宏名为 SQ,形参也为 y,字符串表达式为 $(y)*(y))$。例 5.18 的函数调用为 SQ(i++),例 5.19 的宏调用为 SQ(i++),实参也是相同的。从输出结果来看,却大不相同。

分析如下:在例 5.18 中,函数调用是把实参 i 值传给形参 y 后自增 1。然后输出函数值。因而要循环 5 次。输出 $1\sim5$ 的平方值。而在例 5.19 中宏调用时,只作代换。SQ(i++)被代换为((i++)*(i++))。在第一次循环时,由于 i 等于 1,其计算过程为:表达式中前一个 i 初值为 1,然后 i 自增 1 变为 2,因此表达式中第 2 个 i 初值为 2,两相乘的结果也为 2,然后 i 值再自增 1,得 3。在第二次循环时,i 值已有初值为 3,因此表达式中前一个 i 为 3,后一个 i 为 4,乘积为 12,然后 i 再自增 1 变为 5。进入第三次循环,由于 i 值已为 5,所以这将是最后一次循环。计算表达式的值为 $5*6$ 等于 30。i 值再自增 1 变为 6,不再满足循环条件,停止循环。

从以上分析可以看出函数调用和宏调用二者在形式上相似,在本质上是完全不同的。

(6)宏定义也可用来定义多个语句,在宏调用时,把这些语句又代换到源程序内。看下面的例子。

【例 5.20】

```
#define SSSV(s1,s2,s3,v) s1=l*w;s2=l*h;s3=w*h;v=w*l*h;
main(){
    int l=3,w=4,h=5,sa,sb,sc,vv;
    SSSV(sa,sb,sc,vv);
    printf("sa=%d\nsb=%d\nsc=%d\nvv=%d\n",sa,sb,sc,vv);
}
```

程序第一行为宏定义,用宏名 SSSV 表示 4 个赋值语句,4 个形参分别为 4 个赋值符左部的变量。在宏调用时,把 4 个语句展开并用实参代替形参,使计算结果送入实参之中。

课 后 练 习 题

1. 选择题

(1)一个完整的 C 源程序是(　　)。

A. 要由一个主函数或一个以上的非主函数构成

B. 要由一个主函数和一个以上的非主函数构成

C. 由一个且仅由一个主函数和零个以上的非主函数构成

D. 由一个且只有一个主函数或多个非主函数构成

(2)以下关于函数的叙述中正确的是(　　)。

A. C 语言程序将从源程序中第一个函数开始执行

B. main 可作为用户标识符,用以定义任意一个函数

C. C 语言规定必须用 main 作为主函数名,程序将从此开始执行,在此结束

D. 可以在程序中由用户指定任意一个函数作为主函数,程序将从此开始执行

(3)函数调用时,当实参和形参都是简单变量时,他们之间数据传递的过程是(　　)。

A. 实参将其地址传递给形参,并释放原先占用的存储单元

B. 实参将其值传递给形参,调用结束时形参再将其值回传给实参

C. 实参将其地址传递给形参,调用结束时形参再将其地址回传给实参

D. 实参将其值传递给形参,调用结束时形参并不将其值回传给实参

(4)如果一个函数位于C程序文件的上部,在该函数体内说明语句后的复合语句中定义了一个变量,则该变量(　　)。

A. 定义无效,为非法变量　　　　　　B. 为局部变量,只在该复合语句中有效

C. 为全局变量,在本程序文件范围内有效　D. 为局部变量,只在该函数内有效

(5)C语言中函数返回值的类型是由(　　)决定。

A. 调用函数时临时　　　　　　　　　B. 定义函数时所指定的函数类型

C. return语句中的表达式类型　　　　D. 调用函数的主调函数类型

(6)若在一个C源程序文件中定义了一个允许其他源文件引用的实型外部变量a,则在另一文件中可使用的引用说明是(　　)。

A. extern float a;　　　　　　　　　B. extern static float a;

C. extern auto float a;　　　　　　　D. float a;

(7)若程序中定义函数

float myadd(float a, float b)

{ return a＋b;}

并将其放在调用语句之后,则在调用之前应对该函数进行说明。以下说明中错误的是(　　)。

A. float myadd(float, float);　　　　B. float myadd(float a,b);

C. float myadd(float b, float a);　　D. float myadd(float a, float b);

(8)关于以下fun函数的功能叙述中,正确的是(　　)。

```
int fun(char * s)
{
    char * t＝s;
    while( * t＋＋);
    t－－;
    return(t－s);
}
```

A. 求字符串s的长度　　　　　　　　B. 求字符串s所占字节数

C. 比较两个串的大小　　　　　　　　D. 将串s复制到串t

(9)以下程序的运行结果是(　　)。

void f(int a, int b)

```
{
    int t;
    t=a; a=b; b=t;
}
main()
{
    int x=1,y=3,z=2;
    if(x>y)f(x,y);
    else if(y>z)f(x,z);
        else f(x,z);
    printf("%d,%d,%d\n",x,y,z);
}
```

    A. 2,3,1   B. 3,1,2   C. 1,3,2   D. 1,2,3

(10)下面是一个计算 1 至 m 的阶乘并依次输出的程序。程序中应填入的正确选项是（　　）。

```
#include<stdio.h>
double result=1;
factorial( int j)
{
    result=result * j;
    return;
}
main()
{
    int m,i=0,x;
    printf("Please enter an integer:");
    scanf("%d",&m);
    for(;i++<m;)
    {
        x=factorial(i);
        printf("%d! =%.0f\n",          );
    }
}
```

    A. i,factorial(i)   B. i,result   C. i,x   D. j,x

2. 填空题

(1)读下列程序,写出运行结果_____。

```
fun(int x,int y,int z)
{
    z = x * x + y * y;
}
main ( )
{
    int a=31;
    fun (6,3,a);
    printf ("%d", a);
}
```

(2)读下列程序,写出运行结果_____。

```
int f( )
{
    static int i=0;
    int s=1;
    s+=i; i++;
    return s;
}
main()
{
    int i,a=0;
    for(i=0;i<5;i++)
        a+=f();
    printf("%d\n",a);
}
```

(3)读下列程序,写出运行结果_____。

```
#include  <stdio.h>
Int fun(int x)
{
    int  y;
    if(x==0||x==1)  return(3);
    y=x * x-fun(x-2)
    return   y;
```

```
}
main()
{
    int x,y;
    x=fun(3);
    y=fun(4);
    printf("%d, %d\n", x ,y);
}
```

(4)以下程序实现了计算 x 的 n 次方,请将程序填写完整。

```
float power(float x,int n)
{   int i;
    float t=1;
    for(i=1;i<=n;i++)
    t=t * x;
    _____;
}
main( )
{   float x,y;
    int n;
    scanf("%f,%d",&x,&n);
    y=power(x,n);
    printf("%8.2f\n",y) ;
}
```

(5)以下程序实现了求两个数的最大公约数,请将程序填写完整。

```
int divisor(int a,int b)
{int r;
r=a%b;
while(_____)
    { a=b;b=r;r=a%b;}
    return b;
}
void main()
{ int a,b,d,t;
scanf("%d %d",&a,&b);
if (a<b)
```

```
        {t=a; a=b; b=t;}
      d=divisor(a,b);
   printf("\n gcd=%d",d);
   }
```

(6) 以下程序的功能是:删去一维数组中所有相同的数,使之只剩一个。数组中的数已按由小到大的顺序排列,函数返回删除后数组中数据的个数。请将程序填写完整。

例如,若一维数组中的数据是:2 2 2 3 4 4 5 6 6 6 6 7 7 8 9 9 10 10 10

删除后,数组中的内容应该是:2 3 4 5 6 7 8 9 10。

```
#include <stdio.h>
#define N 80
int fun(int a[], int n)
{   int i,j=1;
    for(i=1;i<n;i++)
    if(a[j-1]_____ a[i])
      a[j++]=a[i];
    return ;
}
main( )
{
    int a[N]={2,2,2,3,4,4,5,6,6,6,6,7,7,8,9,9,10,10,10},i,n=19;
    printf("The original data:\n");
    for(i=0;i<n;i++)
      printf("%d",a[i]);
    n=fun(a,n);
    printf("\nThe data after deleted: \n");
    for(i=0; i<n;i++)
      printf("%d",a[i]);
}
```

(7) 以下程序可计算 10 名学生 1 门课成绩的平均分,要求使用无返回值函数实现。请将程序补充完整。

```
#include<stdio.h>
void average(float array[10])
{
    int i=0;
    while(_____)
```

```
        array[0]+=_____;
        array[i-1]=array[0]/10;
    }
main()
{
    float score[10];
    int i;
    printf("Please input 10 scores:\n");
    for(i=0;i<10;i++)
        scanf("%f",&score[i]);
    average(score);
    printf("The average score is %.2f\n",                    );
}
```

3. 编程题

(1)编写判断素数的函数。

(2)编写函数,实现计算 x 的 n 次方。

(3)编写程序,求两个整数的最大公约数。

模块 6　系统中的数组

(1)学会正确进行数组的定义和赋值。

(2)学会在运算中正确引用数组元素。

(3)学会在程序中使用字符数组和字符串处理函数。

(1)掌握数组的概念、定义和引用。

(2)掌握字符数组及字符串的定义和引用。

6.1　一维数组

经过前面知识模块的学习,大家对 C 语言中数据的基本类型已经有了较为清楚地认识。但是基本类型的变量都是互相独立的数据,无法体现数据之间的关联。在程序设计中,为了处理方便,把具有相同类型的若干变量按有序的形式组织起来。这些按序排列的同类数据元素的集合称为数组。在 C 语言中,数组属于构造数据类型。

数组是指一组同类型数据组成的序列,数组的特点如下:

(1)数组是相同数据类型的元素的集合;

(2)数组中的各元素是有先后顺序的,它们在内存中按照这个先后顺序连续存放在一起;

(3)数组元素用整个数组的名字和它自己在数组中的顺序位置来表示,组成它的每个元素可以通过序号来访问。例如,a[0]表示名字为 a 的数组中的第一个元素,a[1]代表数组 a 的第二个元素,以此类推。

6.1.1　数组的定义

程序中一维数组的定义有固定的格式要求如下:

类型说明符数组名[常量表达式]

例如:

int a[10]; //该定义表示数组名为 a,有 10 个 int 型元素

float b[10],c[5]; //说明实型数组 b 有 10 个元素,实型数组 c 有 5 个元素

注意:

(1)数组名的命名规则和标示符的命名规则相同。

(2)常量表达式要有方括号括起来,不能用圆括号,int a(10);这是错误的。

(3)常量表达式表示数组元素的个数,即数组长度,并且数组的第一个元素是从下标 0 开始的。

(4)常量表达式可以是常量也可以是符号常量,不能包含变量。C 语言绝对不允许对数组的大小做动态定义;

例如:下面程序中用变量 n 对数组 a 的元素个数进行指定是错误的。

```
int n;
scanf("%d",&n);
int a[n];
```

(5)数组的类型实际上就是指数组元素的类型,对于同一数组,它所有元素的数据类型都是相同的。

(6)数组名不能与其他变量名相同。例如:

```
main()
{
    int a;
    float a[10];
    …}
```

这样的定义也是错误的。

(7)允许在同一个类型说明中,说明多个数组和多个变量。

例如:int a,b,c,d[10],e[5];

6.1.2 数组的初始化

数组的初始化,就是在定义数组的同时给数组赋初值。下面介绍几种方法:

(1)在定义数组时,对数组元素赋初值。

例如:int a[10]={0,1,2,3,4,5,6,7,8,9};

上面的语句等价于

a[0]=0,a[1]=1,…,a[9]=9;

(2)可以只给一部分元素赋初值,例如:

int a[10]={0,1,2,3,4};

表示只给数组的前 5 个元素赋初值,后 5 个元素的值,系统自动默认为 0。

(3)在对全部数组元素赋初值时,可以不指定数组长度。例如:

int a[5]={0,1,2,3,4};可以改写为 int a[]={0,1,2,3,4};

但是,int a[10]={0,1,2,3,4};不能改写为 int a[]={0,1,2,3,4};

6.1.3 数组的引用

C 语言规定:

(1)数组必须先定义,后使用。

(2)只能逐个引用数组元素,而不能一次引用整个数组。

数组的引用形式为:

数组名[下标]

其中,下标可以是整型常量也可以是整型表达式,若一个数组长度为 n,其下标范围为 $0\sim n-1$。

例如:a[0]=a[5]+a[7]+a[2*3]

6.1.4 数组程序举例

【例 6.1】从键盘输入六个实数,求平均值。

```
#include <stdio.h>
int main( void)
{   float b,sum=0.0,ave,a[6];
    int i;
    for(i=0;i<6;i++)
        scanf("%f",&a[i]);
    for(i=0;i<6;i++)
        sum=sum+a[i];
    ave=sum/6.0;
    printf("%.3f\n",ave);
}
```

从键盘输入 1.0 1.0 1.0 2.0 3.0 4.0 回车

输出结果 2.000

【例 6.2】求数组中的最大值。

```
#include <stdio.h>
int main( void)
{   float max,s=0.0,a[6];
    int i;
    for(i=0;i<6;i++)
        scanf("%f",&a[i]);
    max=a[0];
    for(i=1;i<6;i++)
```

```
        if(max<a[i])
            max=a[i];
    printf("最大值是:%.2f\n",max);
}
```

从键盘输入 6.5　7.8　9.0　2.34　6.7　3.4 回车

输出结果

最大值是:9.00

【例 6.3】找出最大和最小数位置,并将它们调换位置输出。

```
#include <stdio.h>
int main(void)
{
    float max,min,s=0.0,a[5],te;
    int i,k=0,j=0;
    for(i=0;i<5;i++)
        scanf("%f",&a[i]);
    max=min=a[0];
        for(i=1;i<5;i++)
    {   if(max<a[i])
            {max=a[i];k=i;}
        if(min>a[i])
            {min=a[i];j=i;}
            }
    printf(""最大最小值分别在第:%d,%d 个\n",k+1,j+1);
    te=a[k];
    a[k]=a[j];
    a[j]=te;
    for(i=0;i<5;i++)
        printf("%f\n",a[i]);
}
```

【例 6.4】查找数组中有无某一指定项。

```
#include <stdio.h>
int main(void)
{
 float a[9]={21,12,34,23,54,67,65,13,87};
 int s,i;
```

```
        printf("请输入要查找的数:");
        scanf("%d",&s);
    for(i=0;i<9;i++)
        { if(a[i]==s)
            {printf("有此项\n");break;}
        if(i==9)
            printf("无此项\n");
        }
}
```

【例 6.5】已知数组 a 中的元素已按由小到大顺序排列,以下程序的功能是将输入的一个数插入数组 a 中,插入后,数组 a 中的元素仍然由小到大顺序排列。

```
#include <stdio.h>
void main()
{int a[10]={0,12,17,20,25,28,30};    /* a[0]为工作单元,从 a[1]开始存放数据 */
int x , i, j=6;                       /* j 为元素个数 */
printf("Enter a number: ");
scanf("%d",&x);
a[0]=x; i=j;                          /* 从最后一个单元开始 */
while(a[i]>x)
{a[i+1]=a[i];
i--;                                  /* 将比 x 大的数往后移动一个位置 */ }
a[++i]=x;
j++;                                  /* 插入 x 后元素总个数增加 */
for(i=1;i<=j;i++) printf("%8d",a[i]);
printf("\n"); }.
```

【例 6.6】从键盘输入一个班(全班最多不超过 30 人)学生的学号和某门课的成绩,当输入成绩为负值时,输入结束。编程统计不及格人数并打印不及格学生学号;编程统计成绩在全班平均分及平均分之上的学生人数,并打印这些学生的学号。

```
#include<stdio.h>
int input(long num[], float score[]);
void total1(long num[], float score[], int n);
void total2(long num[],float score[],int n);
int main(){
        long num[30];
        float score[30];
```

```
        int n;
        n＝input(num，score)；
        total1(num，score,n)；
        total2(num，score,n)；
        return 0；
}
int input(long num[]，float score[])
{
        int i＝0；
        while(i＜30)
        {
                scanf("%ld,%f",&num[i],&score[i])；
                if(score[i]＜0)
                        break；
                i++；
        }
        return i；
}
void total1(long num[]，float score[]，int n)
{
        int i,c＝0；
        for(i＝0; i＜n; i++)
        {
                if(score[i]＜60)
                {
                        c++；
                        printf("%ld\n",num[i])；
                }
        }
        printf("The score＜60 is：%d\n",c)；
}
void total2(long num[],float score[],int n)
{
        int i,c＝0；
        float a＝0；
```

```
        for(i=0; i<n; i++)
                 a+=score[i];
        a/=n;
        for(i=0; i<n; i++)
{
                 if(score[i]>=a)
{
                         c++;
                         printf("%ld\n",num[i]);
                 }
         }
        printf("The score>=averge is:%d\n",c);
}
    …
```

【例 6.7】使用数组对 5 位学生的成绩进行升序排序。

```
#include <stdio.h>
void asc(float score[],int n)
{   int i,j,k;
    float temp;
    for(i=0;i<n-1;i++)
       for(j=0;j<n-i-1;j++)
         if(score[j]>score[j+1])
         {temp=score[j];
         score[j]=   score[j+1];
            score[j+1]=temp;
         }
for(k=0;k<n;k++)
printf("%f,",score[k]);
printf("\n");
}
void main()
  {
     inti;
     float score[5];
     for(i=0;i<5;i++)
```

```
    scanf("%f,",score+i);
    asc(score,5);
}
```

【例6.8】顺序查找一个学生年龄的 C 程序。查找到,输出学生的序号和指定的年龄。如果找不到,则输出没有找到的提示信息。

分析:最原始的方法是"顺序查找法",它是一种穷举查找方法,缺点是效率低。

```
#include <stdio.h>
#include <stdlib.h>
int main(void)
{
    int i,aage;
    int student_age[]={10,11,12,13,14,15,16,17,18,19};
    printf("请输入要查找的年龄:");
    scanf("%d",&aage);
    for(i=0;i<10;i++)
        if(student_age[i]==aage)
        {printf("第%d 位学生的年龄是%d.\n",i+1,student_age[i]);
        break;
        }
    printf("找不到这个年龄的学生.\n");
    return 0;
}
```

【例6.9】对排序数列的折半查找。

思路:效率较高的查找方法:折半查找法,折半查找的前提是:数据已按某一规律(升序或降序)排好。

先检索序列 1/2 处的数据,看它是否为所需的数据,如果不是,则判断要找的数据是在当中数的哪一边,下次就在这个范围内查找,每次将查找范围缩小一半,直到找到这个数或得出找不到的结论为止。

假如有一组有 19 个数的数列:

$2^0,5^1,6^2,7^3,8^4,13^5,15^6,17^7,19^8,21^9,23^{10},25^{11},36^{12},37^{13},38^{14},45^{15},51^{16},62^{17},73^{18}$

查找步骤如下:

(1)要找 36 这个数,先用中间的第 9 号数,即 21 与 36 比较:是,就找到了;不是,比较这个数与要找的数哪个大,由于 36 比 21 大,可以确定 36 在第 10 号数与第 18 号数之间。

(2)接着取第 10 号数到第 18 号数之间的中间数 38 进行比较:是,就找到了;不是,比较这个数与要找的数哪个大,由于 38 比 36 大,可以确定 36 在第 10 号数与第 13 号数之间。

(3)接着取第 10 号数到第 13 号数之间的中间数 25 进行比较:是,就找到了;不是,比较这个数与要找的数哪个大,由于 36 比 25 大,可以确定 36 在第 12 号数到第 13 号数之间。

(4)再取中间数,就找到了。

中间数的号= 取整((开头号+结尾号)/2),不能进位。

算法设计:设三个临时变量 top,mid,bot 分别指向开头、中间和末尾。使用重复算法,按照前面介绍的判断原则,迭代这三个值,不断缩小查找范围。

迭代查找过程终止条件:

(1)找到 a[mid]=x;

(2)Top>bot。

折半查找学生年龄程序:

```
#include <stdio.h>
#include <stdlib.h>
#define N 19
int main()
{
    int a[N]={2,5,6,7,8,13,15,17,19,21,23,25,36,37,38,45,51,62,73};
    int mid,top,bot,x;
    top=0;
    bot=N-1;
    printf("请输入要找的元素:");
    scanf("%d",&x);
    while(top<=bot)
    {mid=(top+bot)/2;
        if(x==a[mid])
        {printf("\n 找到的元素%d 是:a[%2d]\n",x,mid);
          exit(0);   }
        else if(x>a[mid])
          top=mid+1;
        else
              bot=mid-1;
    }
    printf("没有找到该元素");
```

```
    return 0;
    }
```

【例 6.10】冒泡排序。

分析：通过依次对相邻的两个数据进行比较交换，使一个符合要求的数据被放到数列最后，成为已经排好序的数列的一个数据；

再对没有排好序的数列进行两两比较交换，使又一个数据成为已经排好序的数列的一个数据；

......

直到比较交换最后的两个数据为止。

冒泡排序算法特点：每经过一轮比较交换，都使一个数据成为已经排好序的序列中的一个数据。

若数组中有 N 个数据，则第 1 轮比较交换的次数为$(N-1)$，第 2 轮比较交换的次数为$(N-2)$，……，第 i 轮比较交换的次数为$(N-i)$。共进行$(N-1)$轮比较交换。

设数组为 a，则对数组 a 中的数据进行冒泡排序 N-S 结构图如图 6-1 所示。

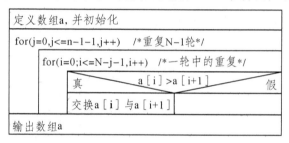

图 6-1　冒泡排序 N-S 结构图

```c
#include <stdio.h>
#define N 8
int main(void)
{
    int a[N]={9,8,3,7,5,2,6,1};
    int i,j,temp;
    for(j=0;j<N-1;j++)
    {
        for(i=0;i<=N-j-1;i++)
        if(a[i]>a[i+1])
        {
            temp=a[i];
            a[i]=a[i+1];
            a[i+1]=temp;
```

```
        }
    }
printf("\n 排序结果:\n");
    for(i=0;i<N;i++)
    printf("%3d ",a[i]);
    printf("\n");
    return 0;
}
```

6.2 字符数组

用来存放字符数据的数组称字符数组,字符数组的一个元素存放一个字符。

6.2.1 字符数组定义及其初始化

字符数组的定义与初始化方法与一维数组相同。下面是两个定义字符数组的例子:

char ch1[]={'H','o','m','e'};

char ch2[10]={'F',' ','p','r','o','g','r','i','n','h'};

6.2.2 字符串定义及其初始化

用一对双引号括起来的零个或多个字符序列称为字符串常数。

如:"home", "running ","A","a"等。

字符串以双引号为定界符,但双引号不属于字符串。

要在字符串中插入单引号,应借助转义字符。

例如要处理字符串"I say:'Hello!'"时,可以把它写为

"I say:\ 'Hello! \'"

字符串不是存放在变量中而是存放在字符型数组中。如"Ground"在内存中被存为:'G','r','o','u','n','d','\0'。

注意:字符串结束标志为'\0'。

字符串的定义及初始化:

char mm[6]={ 'C','g','i','n','a','\0'};

char mm[6]={"Cgina"};

char mm[6]="Cgina";

char mm[ ]={'C','g','i','n','a','\0'};

char mm[ ]={"Cgina"};

char mm[ ]="Cgina";

注意,定义字符串时,一定要注意给定的字符数组的大小要比实际存储的字符串中

的有效字符数多 1。

字符串可以采用下面的三种方式进行输入/输出操作：

(1)使用格式化输入输出函数(printf 和 scanf)，用％c 格式输入输出。

(2)使用格式化输入输出函数(printf 和 scanf)，用％s 格式输入输出。

(3)使用字符串处理函数 puts()和 gets()输入输出。

【例 6.11】运行时输入 play，输出为 play basketball，用％c 格式输入输出。

```
#include <stdio.h>
int main(void)
{
    char c1[5];
    char c2[]=" basketball ";
    int i;
    for(i=0;i<4;i++)
        scanf("%c",&c1[i]);
    for(i=0;i<4;i++)
        printf("%c",c1[i]);
    for(i=0;i<11;i++)
        printf("%c",c2[i]);
    printf("\n");
}
```

6.2.3 常用字符串处理函数

提醒：以下函数使用时需要包含头文件 string.h。

1. strlen()

函数的一般形式：strlen(字符串)。

功能说明：求字符串长度。

返回值：有效字符个数。

2. strcat()

函数的一般形式：strcat(字符串 1，字符串 2)。

功能说明：将字符串 2 连接到字符串 1 中的有效字符后面。

返回值：字符串 1 的首地址。

3. strcpy()函数

函数的一般形式：strcpy(字符串 1，字符串 2)。

功能说明：将字符串 2 复制到字符串 1 中。

返回值：字符串 1 的首地址。

4. strcmp()函数

函数的一般形式:strcmp(字符串,字符)。

功能说明:比较两个字符串。

返回值:字符串1==字符串2,返回 0;

字符串1>字符串2,返回正整数;

字符串1<字符串2,返回负整数。

课后练习题

1. 选择题

(1)以下对一维数组 a 的定义中正确的是(　　)。

  A. int a[0..100];   B. char a(10);

  C. int a[5];   D. int k=10;int a[k];

(2)以下对一维数组的定义中不正确的是(　　)。

  A. double x[5]={2.0,4.0,6.0,8.0,10.0};

  B. char ch1[]={'1','2','3','4','5'};

  C. int y[5]={0,1,3,5,7,9};

  D. char ch2[]={'\x10','\xa','\x8'};

(3)下列描述中不正确的是(　　)。

  A. 不能在赋值语句中通过赋值运算符"="对字符型数组进行整体赋值

  B. 字符型数组中可以存放字符串

  C. 可以对字符型串进行整体输入、输出

  D. 可以对整型数组进行整体输入、输出

(4)设有定义:char s[12]="string";则 printf("%d",strlen(s));的输出结果是(　　)。

  A. 6   B. 12   C. 7   D. 11

(5)若有如下定义,则正确的叙述为(　　)。

  char x[]="abcdefg";

  char y[]={'a','b','c','d','e','f','g'};

  A. 数组 x 的长度大于数组 y 的长度   B. 数组 y 的长度大于数组 x 的长度

  C. 数组 x 和数组 y 等价   D. 数组 x 和数组 y 的长度相同

(6)在 C 语言中,引用数组元素时,其数组下标的数据类型允许是(　　)。

  A. 整型常量   B. 整型表达式

  C. 整型常量或整型表达式   D. 任何类型的表达式

(7)舍友数组定义 char array[]="Chair",则数组 array 所占的空间为(　　)。

  A. 4 字节   B. 5 字节   C. 6 字节   D. 7 字节

(8)以下程序的输出结果是(　　　)。

```
#include<stdio.h>
#include<string.h>
int main( )
{
    char st[20]="hello\0\t\\";
    printf("%d%d\n",strlen(st),sizeof(st));
}
```

A. 99 　　　　　　　　B. 520 　　　　　　　　C. 1320 　　　　　　　　D. 2020

(9)判断字符串 s1 是否大于字符串 s2,应当使用(　　　)。

A. if(s1>s2) 　　　　　　　　　　　　B. if(strcmp(s1,s2))

C. if(strcmp(s2,s1)>0) 　　　　　　　D. if(strcmp(s1,s2)>0)

(10)下列程序执行后的输出结果是(　　　)。

```
#include<stdio.h>
#include<string.h>
int main( )
{
    char arr[2][4];
    strcpy(arr[0],"you");
    strcpy(a[1],"me");
    arr[0][3]='&';
    printf("%s\n",arr);
}
```

A. you&me 　　　　　B. you 　　　　　　C. me 　　　　　　D. err

2. 填空题

(1)下列程序的功能是输入 N 个实数,然后依次输出前 1 个实数和、前 2 个实数和、⋯、前 N 个实数和。填写程序中缺少的语句。

```
#define   N   10
main()
{ float f[N],x=0.0;
  int i;
  for(i=0;i<N;i++)
  scanf("%f",&f[i]);
  for(i=1;i<=N;i++)
  {_____;
```

```
        printf("sum of NO %2d————————%f\n",i,x);
      }
    }
```

(2) 下列程序的运行结果是_____。

```
    main()
    { int i,j,k,n[3];
      for(i=0;i<3;i++) n[i]=0;
      k=2;
      for(i=0;i<k;i++)
        for(j=0;j<k;j++)
          n[j]=n[i]+1;
      printf("%d\n",n[1]);  }
```

(3) 下列程序的运行结果是_____。

```
    main()
    { char a[]="*****";
      int i,j,k;
      for(i=0;i<5;i++)
      { printf("\n");
        for(j=0;j<i;j++) printf("%c",´´);
          for(k=0;k<5;k++) printf("%c",a[k]);
      }
    }
```

(4) 下列程序的运行结果是_____。

```
    #include "stdio.h"
    main()
    { int i,k,a[10],p[3];
      k=5;
      for( i=0;i<10;i++)
        a[i]=i;
      for(i=0;i<3;i++)
        p[i]=a[i*(i+1)];
      for( i=0;i<3;i++)
        k+=p[i]*2;
      printf("%d\n",k);
    }
```

(5)下列程序的功能是输出数组 s 中最大元素的下标。填写程序中缺少的语句。

```
main()
{ int k,i;
    int s[]={3,−8,7,2,−1,4};
    for(i=0,k=i;i<6;i++)
        if(s[i]>s[k])_____;
    printf("k=%d\n",k);
}
```

(6)以下程序的运行结果是_____。

```
#include<stdio.h>
int main()
{
int n[5]={0,0,0},i,k=2;
for(i=0;i<k;i++)
    n[i]=n[i]+1;
printf("%d\n",n[k]);
}
```

3. 编程题

(1)已知一维整型数组 a 中的数已按由小到大的顺序排列,编写程序,删去一维数组中所有相同的数,使之只剩一个。

(2)输入 10 个整型数存入一维数组,输出值和下标都为奇数的元素个数。

(3)从键盘输入任意 10 个数并存放到数组中,然后计算它们的平均值,找出其中的最大数和最小数,并显示结果。

(4)输入 10 个数,将其中最小数与第一个数交换,将最大数与最后一个数交换。

模块 7   系统中的指针

(1)能正确定义指向不同类型数据的指针变量,能正确使用指针访问数据,能正确使用取地址符和间接运算符。

(2)能正确进行指针变量的运算。

(3)能用指针变量作为函数的参数进行程序编写。

(1)理解指针的概念,理解指针变量的定义。

(2)理解指针在数组中的移动方法。

(3)理解指针变量作为函数参数与变量作为函数参数的区别。

7.1   指针的概念

所谓指针其实就是变量的地址。在 C 语言中,地址也是一种数据类型,它可以存放在一种特殊的变量中,这种变量称为"指针变量"。

7.1.1   变量及其地址

在 C 程序中,要定义许多变量,用来保存程序中用到的数据,包括输入的原始数据、加工的中间结果及最终数据。在定义变量的时候,已经知道存储类型为 auto 和 static 类型的变量保存在计算机的存储器中。其实系统在这两类变量的有效期中,都为它们分配了连续的存储单元。数据类型不同的变量分配的字节数不同,如短整型变量占 2 字节,长整型变量占用 4 个字节,双精度型变量占用 8 个字节。

当 C 源程序在编译时,程序对遇到的变量分配连续的内存单元。例如有变量定义语句如下:

short a=3,long b=5,float c;

编译系统给变量分配的存储空间如图 7-1 所示。

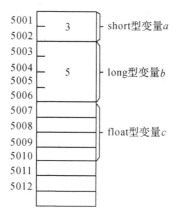

图 7-1　变量分配的存储单元与地址

C语言规定：如果一个变量占用一个字节时，该字节的地址就是该变量的地址；如果变量占用连续的多个字节，那么第一个字节的地址就是该变量的地址。从图 7-1 可以看出，a 的地址为 5001，b 的地址为 5003，c 的地址为 5007。对于图 7-1 所示的变量，其实在编译时，编译程序将生成一个类似表 7-1 所示的变量与地址对照表，该表记录了变量的名称、数据类型和地址。

表 7-1　变量、数据类型和地址对照表

变量名	数据类型	地址
a	short	5001
b	long	5003
c	float	5007

假设程序中执行了赋值语句"c＝a＋b；"，实际的操作过程如下：首先在变量地址对照表中找到变量 a，查到 a 的地址为 5001，根据它的数据类型在存储器中从该地址开始的 2 个单元中取出数 3；然后在变量地址对照表中找到变量 b，找到 b 的地址为 5003，根据它的数据类型在存储器中从该地址开始的 4 个单元中取出数 5，相加得到 8；最后在变量地址对照表中找到变量 c，查到 c 的地址为 5007，根据它的数据类型把运算结果 8 存入到存储器该地址开始的 8 个字节中。

通过上述赋值语句的执行可以看到，变量的地址起到了寻找变量的作用，好像是一个指针指向了变量，所以常把变量的地址称为"指针"。

7.1.2　指针变量

使用一个变量可以直接通过变量名，这种方式称为"直接存取方式"。与"直接存取方式"相对应的是"间接存取方式"，这种方式把变量的地址存入到另一特殊变量中，然后通过该特殊变量来存取变量的值。存放地址的变量就好像一个指针，指向要存取值的变量，故称为"指针变量"。由于指针变量存放的地址是不同数据类型变量的地址，所以指针变量也可以分成不同的类型。

在 C 程序中,变量的地址可以通过运算符"&"来得到,该运算符称为"取地址"运算符,它的运算对象是变量或数组元素,得到的结果是变量或数组元素的地址。

例如:

int a,b[10];

&a:得到的是变量 a 的地址

&b[5]:得到的是数组元素 b[5]的地址

7.2 指向变量的指针变量

7.2.1 指针变量的定义与初始化

指针变量也是变量,在使用之前必须先定义。定义时也可给其赋初值,其定义格式如下:

数据类型标识符 * 指针变量名[=地址表达式];

例如:

int * p, * p1;   /* 定义了两个指向整型变量的指针变量 p、p1 */

float * f, * q;   /* 定义了两个指向实型变量的指针变量 f、q */

注意:在指针变量定义中,"数据类型"是指针要指向的数据的类型。* 是一个说明符,它表明其后的变量是指针变量,如 p 是指针变量,而不要认为 * p 是指针变量。

与其他变量相同,指针变量也可以初始化。可以用变量的地址对指针变量进行初始化,该变量的类型必须和指针变量的数据类型相同;也可以用一个具有相同数据类型的指针变量给另一个指针变量赋值。例如:

int i1,i2,i3;

int * p1=&i1, * p2=&i2;   /* 定义一个指向 int 型变量的指针变量 p1,赋初
                                值为变量 i1 的地址, * /

p1=&i3;

p2=p1;

注意:不要将一个变量的值赋给指向它的指针变量。例如,"p1=i1"或 "p2=i2"都是错误的。应该是将变量的地址赋给指向它的指针变量,例如,"p1=&i1","p2=&i2"。

7.2.2 指针变量的引用方式

可以采用多种方式来引用指针变量,常见的有以下 3 种:

(1)给指针变量赋值。

例如:

int a, * p;

p=&a;   /* 通过赋值使指针变量指向了变量 a * /

(2)直接使用指针变量。可以把某变量的地址赋值给指针变量,然后在需要使用该变量地址的地方,可直接使用该指针变量。如在 scanf 函数中,要求的是输入变量的地址,可把要输入值的变量的地址存放到某指针变量中,然后把指针变量用于变量地址列表中。

例如:

int a,b,c, * p1＝&a, * p2＝&b;

scanf("％d,％d,％d",p1,p2,&c);

(3)通过指针变量来引用变量。根据"指针变量"中的地址找到相应的变量。

【例 7.1】写出下列程序的执行结果。

int a＝4,b＝6,c, * p1＝&b, * p2＝&c;

* p2＝a＋ * p1 * b;

printf("％d",c);

在该例中,通过初始化使指针变量 $p1$ 指向了 b,指针变量 $p2$ 指向了 c,所以 * p1 代表的是变量 b, * p2 代表的是变量 c,因此语句" * p2＝a＋ * p1 * b;"与语句"c＝a＋b * b;"是完全一样的,最后 c 的值为 40。

1. 有关运算符

与指针有关的运算符主要有两个:取地址运算符(&),指针运算符(*)。

(1)& 运算符。其作用是返回操作对象(变量或数组元素)的地址。例如:

&x;

返回变量 x 的地址。又如:

&a[5];

返回的是数组元素 a[5] 的地址。

(2) * 运算符。其作用是以操作对象的值作为地址,并返回这个地址的变量(或内存单元)的内容。例如: * p 代表指针变量 p 指向的对象。

若有以下语句:

int i＝100;

int * pi＝&i;

则有下面的关系:

pi~&i:指针 pi 的值就是变量 i 的地址。

* pi~i: * pi 就是 i 所指向的变量,即 i。

* &i~ * pi~i:先对 i 取地址,就是 i 的指针 &i,再对指针进行间接访问,就是变量 i。

& * pi~&i~pi:先对指针进行间接访问运算就得到 i,再对 i 取地址,也就是 i 的指针。

它们都是单目运算符,优先级高于所有的双目运算符,它们的结合性是自右向左。

＊pi＋＋相当于＊(pi＋＋)，即取与 pi 所指单元相邻的前一单元中的内容。

(＊pi)＋＋为取 pi 所指单元的值，然后将其加 1。

2.指针变量的运算

指针变量可以进行算术运算和逻辑运算。

(1)指针的算术运算。一个指针可以加、减一个整数 n，但其结果不是指针值直接加或减 n，而是与指针所指对象的数据类型有关。指针变量的值(地址)应增加或减少"n×sizeof(指针类型)"。例如：

    int ＊p,a＝2,b＝4,c＝6;

假如 a、b、c 这 3 个变量被分配在一个连续的内存区，a 的地址为 4000，如图 7-2(a)所示。

    p＝&a;

表示 p 指向变量 a，即 p 的内容是 4000，如图 7-2(b)所示。

    p＝p＋2;

表示指针向下移动两个整型变量的位置，p 的值为 $4000＋2×sizeof(int)＝4000＋2×4＝4008$，而不是 4002，因为整型变量占 4 个字节，如图 7-2(c)所示。

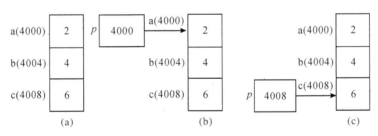

图 7-2 指针移动示意

可以直观地理解为：

p＝p＋n:表示 p 向高地址的方向移动 n 个存储单元块(一个单元块是指针所指变量所占存储空间)。

p＝p－n:表示 p 向低地址方向移动 n 个存储单元块。

p＋＋、＋＋p:表示把当前指针 p 向高地址移动一个存储单元块。

若 p＋＋作为操作数，则先引用 p，再将 p 向高地址方向移动一个存储单元块，而＋＋p 是先移动指针后再引用 p。

p－－、－－p:表示把当前指针 p 向低地址移动一个存储单元块。

若 p－－作为操作数，则先引用 p，再将 p 向低地址方向移动一个存储单元块，而－－p 是先移动指针后再引用 p。

另外，指向同一个数组的两个指针相减，可表示两指针间距的元素个数，两个指针变量不能做加法运算。

(2)指针的关系运算。与基本类型变量一样，指针可以进行关系运算。在关系表达式中允许对两个指针进行所有的关系运算。若 p、q 是两个同类型的指针变量,则 p>q,p<q,p==q,p! =q,p>=q,都是允许的。

指针的关系运算在指向数组的指针中广泛运用。假设 p、q 是指向同一数组的两个指针,执行 p>q 的运算,其含义为:若表达式结果为真(非 0 值),则说明 p 所指元素在 q 所指元素之后,或者说 q 所指元素离数组第一个元素更近些。

注意:在指针进行关系运算之前,指针必须指向确定的变量或存储区域,即指针有初始值,另外,只有相同类型的指针才能进行比较。

7.3 数组指针和指向数组的指针变量

数组名代表了数组的地址(起始地址或第一个元素的地址),每一个数组元素也都有自己的地址。根据指针的概念,数组的指针是指数组的起始地址,而数组元素的指针是各元素的地址。像指针变量可以指向各基本类型变量一样,也可以定义指针变量指向数组与数组元素。由于数组的各元素在内存中是连续存放的,所以利用指向数组或数组元素的指针变量来使用数组,将更加灵活、快捷。

7.3.1 指向一维数组的指针

数组名是一个常量指针,它的值为该数组的首地址,即第一个元素的地址,这是 C 语言所规定的。指向数组的指针的定义方法与指向基本类型变量的指针的定义方法是相同的,例如:

int a[5]={1,3,5,7,9};

int * p;

此时,指针还没有指向数组 a,为了实现将指针变量 p 指向数组 a,还必须使用赋值语句:

p=a;

使 p 指针指向数组 a,即将数组 a 的首地址赋给 p。这与下列语句是等价的:

p=a[0];

数组指针示意图如图 7-3 所示。

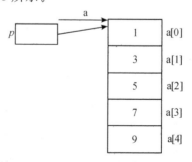

图 7-3　数组指针示意图

注意:数组名 a 是常量指针,而 p 是指针变量,两者虽然此时都指向数组的首元素,但区别很明显。a 是常量指针,其值在数组定义时已确定,不能改变,不能进行 a++、a=a+1 等类似的操作。而 p 是指针变量,其值可以改变,当赋给 p 不同元素的地址值时,指向不同元素,如下的操作是合法的:

p++; p=p+2;

在定义指针变量时可以同时给它赋初始值:

int a[5]={0,2,4,6,8};

int * p=a;

或 int * p=&a[0];

注意是将 a 首地址赋给指针变量 p,而不是赋给 * p。

前面所学的数组元素的表示使用的是下标法,如数组 a 的 5 个元素分别表示为 a[0],a[1],a[2],a[3],a[4]。对任何一个元素,可以表示为 a[i],其中 $i=0,1,\cdots,4$。

在 C 语言中,元素 a[i] 用指针可表示为 *(a+i),其中 $i=0,1,\cdots,4$,在指针表示法中 a+i 是表示第 i 个元素的地址。

注意:C 语言编译程序计算实际地址的方法是"a+i×元素占用字节数"。如整型数组 a 存放的地址为 4000 的内存区,则 0 号元素的地址是 a+0(也为 a 的值),即 4000,而 1 号元素的地址 a+1 为 4000+1×4=4004,而不是 4001。通过地址 a+1 可以找到元素 a[1],所以 *(a+1) 就是 a[1]。

若指针变量 p 指向一数组元素(p 的值为该元素地址),同样可用 * p 表示该元素,例如:

p=&a[1];

则 * p 与 *(a+1)、a[1] 都是表示 1 号元素,如图 7-4 所示。

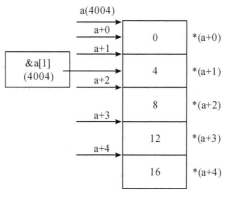

图 7-4　数组元素的多种表示法

如果 p 指向数组的首地址,那么 *(p+i)、a[i]、p[i] 具有相同的意义,都表示第 i 个元素。

如果 p 指向数组中的任意元素,如 a[2],则 *(p+1) 会指向元素 a[3]。

【例7.2】使用不同的方法输出整型数组 a 的元素。

```
#include<stdio.h>
void main()
{    static int a[5]={1,3,5,7,9};
    int i, * p;
    for(i=0;i<5;i++)   printf("%4d",a[i]);          /* 方法1 */
    putchar('\n');
    for(i=0;i<5;i++)   printf("%4d", * (a+i));      /* 方法2 */
    putchar('\n');
    for(p=a;p<a+5;p++)   printf("%4d", * p);        /* 方法3 */
    putchar('\n');
    p=a;
    for(i=0;i<5;i++)   printf("%4d",p[i]);
}
```

程序运行结果如下：

```
1   3   5   7   9
1   3   5   7   9
1   3   5   7   9
```

例7.2体现了指针与数组在表现形式上的互换性，注意比较各种方式的相似与不同之处。

若将语句：

```
for(i=0;i<5;i++) printf("%4d", * (a+i));
```

改为：

```
for(i=0;i<5;i++,a++)printf("%4d", * a);
```

因为 a 是常量指针，在运行过程中其值不变，不能对其进行自加运算，所以编译时会出错。

方法3中的语句：

```
for(p=a;p<a+5;p++)printf("%4d", * p);
```

改为：

```
for(p=a;p<p+5;p++)printf("%d", * p);
```

循环不会结束，这是编程时容易犯的错误。

关于指向数组指针的处理有几个注意点：

(1)数组名 a 是常量指针，不能作为指针变量使用，像 a++ 这样的操作是非法的。

(2)利用指针变量访问数组元素时要注意指针变量的当前值，特别是在循环控制结构中。

【例 7.3】从键盘输入 5 个整数到数组 a 中,然后输出。

```
#include<stdio.h>
void main ()
{   int a[5],k,*p;
    p=a;                        /*此语句不能少,它使 p 指向 a 的第一个元素*/
    for(k=0;k<5;k++)
    scanf("%d",p++);            /*注意不能写为 &p++,因为 p 本身是地址值*/
    p=a;                        /*将 p 重新指向数组 a 的第一个元素*/
    for(k=0;k<5;k++)
    printf("%d",*(p++));        /*注意不能写成为(*p)++,因为这是对 p 指
                                  向的变量自加*/

}
```

由于在输入时,循环每执行一次,指针 p 都自加一次,即下移一个元素位置,因而当循环执行完之后,p 指向数组 a 以后的整型单元。若要使用指针 p 来输出数组 a 的各元素,必须先将 p 重新指向第一个元素,第 7 行的语句不能少。

(3) *p++相当于 *(p++),因为 * 与 ++优先级相同,且结合方向从右向左,其作用是先获得 p 指向变量的值,然后执行 p=p+1。

(4) *(p++)与 *(++p)意义不同,后者是先 p=p+1,再获得 p 指向的变量值。若p=a,则输出 *(p++)是先输出 a[0],再让 p 指向 a[1];输出 *(++p)是先使 p 指向 a[1],再输出 p 所指的 a[1]。

(5)(*p)++表示的是将 p 指向的变量值加 1。

7.3.2 指向二维数组的指针

在 C 语言中,可将二维数组理解为数组元素为一维数组的一维数组。设有一个二维数组:

int a[3][4];

首先,将数组看成是由 a[0]、a[1]和 a[2]3 个行元素组成的一维数组,a 是该一维数组的数组名,代表了该一维数组的首地址。即第 1 个行元素 a[0]的地址(&a[0])。根据一维数组与指针的关系可知,表达式 a+1 表示的是首地址所指元素后第 1 个元素的地址,即行元素 a[1]的地址(&a[1])。因此,可以通过这些地址引用各行元素的值,如 *(a+0)或 *a,即为行元素 a[0]。

其次,行元素 a[0]、a[1]和 a[2]不是一个简单的数据,而是由 4 个元素组成的一维数组。例如,行元素 a[0]是由元素 a[0][0]、a[0][1]、a[0][2]和 a[0][3]组成的一维数组,并且 a[0]是这个一维数组的数组名,代表了这个一维数组的首地址,即第 1 个元素 a[0][0]的地址(&a[0][0]),如图 7-5 所示。

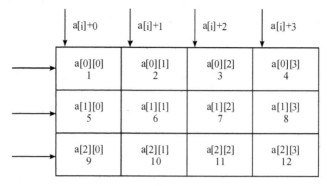

图 7-5　二维数组的指针表示

根据上述内容,可以得出:

(1)二维数组 a 的首地址可以用 a、&a[0]或者 a[0]、&a[0][0]表示,但四者有区别。其中,a 是行元素数组的首地址,又可称之为行地址,相当于 &a[0]。a[0]是元素数组 a[0]的首地址,又可称之为列地址,相当于 &a[0][0]。

(2)3 个一维列元素数组的首地址分别为 a[0]、a[1]、a[2],即列地址 a[0]相当于 &a[0][0],a[1]相当于 &a[1][0],a[2]相当于 &a[2][0]。按照数组名地址法,每个一维数组的元素地址可用"数组名+元素在一维数组中的下标"表示。

表示行元素的方式有:

a[0]可用 *(a+0)即 *a 表示;

a[i]可用 *(a+i)表示。

表示列元素的方式有:

&a[1][3]可用 a[1]+3 或者 *(a+1)+3 表示;

&a[2][1]可用 a[2]+1 或者 *(a+2)+1 表示;

以此类推,&a[i][j]可用 a[i]+j 或者 *(a+i)+j 表示。

(3)按照指针与整数相加的含义,各个元素(列元素)的地址也可以用它与数组首地址的距离来表示。例如,&a[1][1]等价于 a[0]+5 或者 &a[0][0]+5,但是不等价于 a+5,因为后者指示的是行地址,*(a+5)相当于 a[5],本例中并不存在这样的行元素。

可见,二维数组元素的表示法有以下几种:

数组下标法:a[i][j]

指针表示法:*(*(a+i)+j)

行数组下标法:*(a[i]+j)

列数组下标法:(*(a+i))[j]

【例 7.4】输出二维数组元素。

```
#include<stdio.h>
void main()
{   int a[3][4]={1,2,3,4,11,12,13,14,21,22,23,24};
```

```
    int  * p,i,j;
    p=a[0];
    for(i=0;i<3;i++)
    { for(j=0;j<4;j++)
       printf("%4d", * ( * (a+i)+j));        / * 指针表示法输出元素 a[i][j] * /
       printf("\n");
    }
    printf("\n");
    for(i=0;i<3;i++)
    {   for(j=0;j<4;j++)
        printf("%4d", * (a[i]+j));        / * 行数组表示法输出元素 a[i][j] * /
        printf("\n");
    }
    printf("\n");
    for(i=0;i<3;i++)
    {   for(j=0;j<4;j++)
        printf("%4d",( * (a+i))[j]);    / * 列数组表示法输出元素 a[i][j] * /
        printf("\n");
    }
printf("\n");
for(i=0;i<3;i++)
{   for(j=0;j<4;j++)
    printf("%4d", * p++);        / * 指针直接表示法输出元素 a[i][j] * /
    printf("\n");
    }
}
```

运行情况如下(一共输出 4 个矩阵):

```
1    2    3    4
11   12   13   14
21   22   23   24

1    2    3    4
11   12   13   14
21   22   23   24
```

```
1    2    3    4
11   12   13   14
21   22   23   24
```

一般地,为了清楚地表明二维数组行列排列的特点,多采用 $*(*(a+i)+j)$ 的形式来表示元素 a[i][j]。

7.4　字符串的指针

在 C 语言中,可以用两种方法实现字符串的操作。

(1)用字符数组实现。例如:

char string[]="Welcome to Beijing!";

(2)用字符指针实现。

在定义了字符指针变量后,可以通过赋值语句,使其指向字符串的首地址。在这,我们重点介绍第 2 种方法。

7.4.1　用字符指针指向字符串

指向字符串的指针变量实际上就是字符指针变量,用于存放字符串的首地址。其初始化就是在定义字符指针变量的同时赋予一个字符串的首地址。对字符指针变量的赋值有以下 3 种形式:

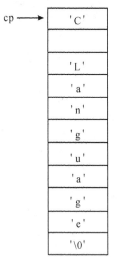

图 7-6　字符指针

(1)在定义字符指针是,直接对其进行赋值,例如:

char * cp="c language";

(2)在定义字符指针后,对其进行赋值,例如:

char * cp;

cp="c language";

(3)将字符数组首地址赋值给字符指针,使该字符指针指向该字符串的首地址,例如:

char str[]="c language", * cp;

cp=str;

上述 3 种操作都使指针 cp 指向了字符串"c language"的首地址,如图 7-6 所示。需要注意的是,上述的赋值操作中,并不是把字符串"c language"赋给指针 cp,而仅仅是使字符指针 cp 指向了字符串的首地址。

需要注意的是,字符串数组的名字 str 代表了字符串的首地址,是一个常量,不能对常量进行赋值以及自加等运算,例如"str++"是错误的。而字符指针则可以进行此类操作。

【例 7.5】简单的字符串加密就是将原字符所对应的 ASCII 码值加或减一个整数,形成一个新的字符。

```
#include <stdio.h>
void main()
{ char s[20];
    char *cp;
    int k;
    cp=s;              /*cp 指向 s 数组的首地址*/
    printf("please input character string \n");
    gets(s);
    for(k=0;*(cp+k)!='\0';k++)
        *(cp+k)+=3;        /*把 ASCII 码值加 3*/
    printf("%s\n",cp);
}
```

运行情况如下：

please input character string

language↙

odqjxdjh

在用%s格式输出时是这样执行的：从给定的地址开始逐个字符输出，直到遇到"\0"为止。也可以用%c格式逐个输出字符：

```
for(cp=s;*cp!='\0';cp++)
    printf("%c",*cp);
```

这种方法在输出整个字符串时不如用%s格式。在用%s格式输出时，需注意传递给%s输出的字符数组一定要有一个"\0"的字符串结束标记，否则字符串输出无法正常结束。

7.4.2 用字符串指针处理字符串

【例7.6】在输入的字符串中查找有无"k"字符。

```
#include<stdio.h>
main()
{
char st[20],*ps;
int i;
printf("input a string:\n");
ps=st;
scanf("%s",ps);
for(i=0;ps[i]!='\0';i++)
```

```c
if(ps[i]=='k')
{
    printf("there is a 'k' in the string\n");
    break;
}
    if(ps[i]=='\0')
printf("There is no 'k' in the string\n");
}
```

7.5 拓展训练

【例7.7】从键盘上输入一个字符串并存放到一个字符数组中,反向存放后再输出。

```c
#include<stdio.h>
main()
{
    char a[80], * p1=a, * p2=a,t;
    scanf("%s",p1);
    while( * p2! ='\0')
    p2++;
    p2--;
    while(p1<p2)
    { t= * p1; * p1= * p2; * p2=t;
      p1++;
      p2--;
    }
        printf("%s",a);
}
```

【例7.8】分析下面程序的功能。

```c
#include<stdio.h>
void main()
{
    int * p1, * p2, * p ,a,b;
    scanf("%d,%d",&a,&b);
    p1=&a;
```

```
    p2=&b;
    if(a<b)
    {
        p=p1;p1=p2;p2=p;
    }
    printf("a=%d,b=%d\n",a,b);
    printf("max=%d,min=%d\n",*p1,*p2);
}
```

程序运行结果：

5,6↙

a=5,b=6

max=6,min=5

这个例子是比较两数的大小,如果 a 小于 b,就通过指针来实现交换数据。注意这里交换的是地址,使指针的指向发生了变化,并没有改变原有变量中的数据,如图 7-7 所示。

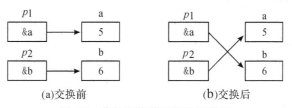

图 7-7 指针交换前后变化示意图

【例 7.9】编写求 n 个数平均值的函数,并调用此函数求从键盘输入的 10 个数的平均值(要求用指针访问数组元素)。

```
#include<stdio.h>
float ave(float *p,int n)
{float s=0,r;
int i;
for(i=0;i<n;i++)
{s=s+*(p+i);}
r=s/n;
return(r);
}
main()
{float a[10],pj;
int i;
for(i=0;i<10;i++)
{scanf("%f",a+i);}
```

```
pj=ave(a,10);
printf("pj=%f\n",pj);
}
```

程序运行结果：

1 2 3 4 5 6 7 8 9 0 ↙

pj=4.500000

【例 7.10】编程输入一行文字，找出其中的大写字母、小写字母、空格、数字及其他字符的个数。

```
#include<stdio.h>
void main()
{
int a=0,b=0,c=0,d=0,e=0,i=0;
char * p,s[20];
while((s[i]=getchar())! =′\n′)
i++;
p=s;
while( * p! =10)
{
    if( * p>=′A′&& * p<=′Z′)   a++;
    else if( * p>=′a′&& * p<=′z′)   b++;
    else if( * p==′ ′)   c++;
    else if( * p>=′0′&& * p<=′9′)   d++;
    else e++;
    p++;
}
printf("大写字母%d 小写字母%d\n",a,b);
printf("空格%d 数字%d 非字符%d\n",c,d,e);
}
```

程序运行结果：

Abc123□□r ↙

大写字母 0 小写字母 4

空格 2 数字 3 非字符 0

课后练习题

1. 选择题

(1)变量的指针,其含义是指该变量的( )。

    A. 值   B. 地址   C. 名   D. 一个标志

(2)对于类型相同的指针变量,不能进行的运算是( )。

    A. $<$ B. $=$ C. $+$ D. $-$

(3)若有以下定义,则 $p+5$ 表示( )。

    int a[10], * p＝a;

    A. 元素 a[5]的地址   B. 元素 a[5]的值

    C. 元素 a[6]的地址   D. 元素 a[6]的值

(4)请读程序:

```
#include<stdio.h>
int a[]={2,4,6,8};
int main()
{
    int i;
    int * p=a;
    for(i=0;i<4;i++)
      a[i]= * p++;
    printf("%d\n",a[2]);
}
```

    上面程序的输出结果是( )。

    A. 6   B. 8   C. 4   D. 2

(5)请读程序:

```
#include<stdio.h>
int f(char * s)
{
    char * p=s;
while( * p! ='\0')
    p++;
return(p-s);
}
int main()
```

```
    {
        printf("%d\n",f("ABCDEF"));
        return 0;
    }
```

上面程序的输出结果是(   )。

A. 3   B. 6   C. 8   D. 0

(6)请读程序：

```
    #include<stdio.h>
    #include<string.h>
    void fun(char * w,int m)
    {
        char s, * p1, * p2;
        p1=w;p2=w+m-1;
        while(p1<p2)
        {
         s= * p1++;
          * p1= * p2--;
          * p2=s;
        }
    }

    int main()
    {
        char a[]="ABCDEFG";
        fun(a,strlen(a));
        puts(a);
        return 0;
    }
```

上面程序的输出结果是(   )。

A. GEFDCBA   B. AGADAGA   C. AGAAGAG   D. GAGGAGA

(7)执行以下程序后,y 的值是(   )。

```
    #include<stdio.h>
    int main()
    {
        int a[]={2,4,6,8,10};
        int y=1,x, * p;
```

```
        p=&a[1];
        for(x=0;x<3;x++)
           y+=*(p+x);
        printf("%d\n",y);
        return 0;
      }
```

    A. 17   B. 18   C. 19   D. 20

(8)有如下程序段：

```
      int *p,a=10,b=1;
      p=&a;
      a=*p+b;
```

执行该程序段后,a 的值为(　　)。

    A. 12   B. 11   C. 10   D. 编译出错

(9)以下程序的输出结果是(　　)。

```
      void fun(int *x)
        {
          printf("%d\n",++*x);
        }
          main()
      {
          int a=25;
          fun(&a);
      }
```

    A. 23   B. 24   C. 25   D. 26

(10)以下程序的输出结果是(　　)。

```
      main()
      {
        int a[]={1,2,3,4,5,6},*p;
        p=a;
        *(p+3)+=2;
      printf("%d,%d\n",*p,*(p+3));
      }
```

    A. 1,3   B. 2,3   C. 1,6   D. 2,6

2. 填空题

(1)指针变量的类型是指_____,数组名代表数组的_____。

(2)设指针 p 定义为:int array[ ]={5,10,15}; * p=array;

　　* p++的运算后,表达式的值是_____,指针 p 指向_____。

　　(* p)++的运算后,表达式的值是_____,指针 p 指向_____。

　　* ++p 的运算后,表达式的值是_____,指针 p 指向_____。

　　++ * p 的运算后,表达式的值是_____,指针 p 指向_____。

(3)下列程序的运行结果是_____。

```
char b[]="ABCD";
main( )
{
    char * chp;
    for(chp=b; * chp;chp+=2)
    printf("%s",chp);
    printf("\n");
}
```

(4)下列程序的运行结果是_____。

```
#include<stdio.h>
void fun(int *  s)
{
    static int j=0;
    do
       s[j]+=s[j+1];
     while(++j<2);
}
int main()
{
    int k,a[10]={1,2,3,4,5};
    for(k=1;k<3;k++)fun(a);
    for(k=0;k<5;k++)printf("%d",a[k]);
    return 0;
}
```

(5)下面程序的输出结果是_____。

```
#include<stdio.h>
char b[ ]="ABCD";
main( )
{
```

```
    char * chp;
    for(chp=b; * chp;chp+=2)
    printf("%s",chp);
    printf("\n");
}
```

(6)以下程序的输出结果是_____。
```
#include<stdio.h>
main( )
{
    int a[10]={19,23,44,17,37,28,49,36}, * p;
    p=a;
    printf("%d\n",(p+=3)[3]);
}
```

(7)以下程序的功能是:将无符号八进制数字构成的字符串转换为十进制整数。例如,输
入的字符串为556,则输出的十进制整数位366。请填空。
```
#include<stdio.h>
main( )
{
    char * p,s[6];
    int n;
    p=s;
    gets(p);
    n= * p? '0';
    while(p! =\0')
    {_____;
    n=n * 8+ * p-\0';}
    printf("%d\n",n) ;
}
```

(8)以下函数的功能是:把两个整数指针所指的存储单元中的内容进行交换。请填空。
```
exchange(int * x,int * y)
{
    int t;
    t= * y;
    * y=_____;
    * x=_____;
```

```
    }
```

9. 设有以下程序:

```c
#include<stdio.h>
int main()
{
    int a,b,k=4,m=6,*p1=&k,*p2=&m;
    a=p1==&m;
    b=(*p1)/(*p2)+7;
    printf("a=%d\n",a);
    printf("b=%d\n",b);
}
```

执行该程序后,a 的值为＿＿＿＿,b 的值为＿＿＿＿。

(10)以下程序的功能是:从键盘上输入一行字符,存入一个字符数组中,然后输出该字符串,请填空。

```c
#include"ctype.h"
#include"stdio.h"
int main()
{
    char str[81],*sptr;
    int i;
    for(i=0;i<80;i++)
    {
        str[i]=getchar();
        if(str[i]=='\n')
            break;
    }
    str[i]=＿＿＿＿;
    sptr=str;
    while(*sptr)
        putchar(*sptr);
}
```

附录　ASCII 码对照表

ASCII 值	控制字符	ASCII 值	控制字符	ASCII 值	控制字符	ASCII 值	控制字符
0	NUT	32	（space）	64	@	96	、
1	SOH	33	！	65	A	97	a
2	STX	34	”	66	B	98	b
3	ETX	35	♯	67	C	99	c
4	EOT	36	MYM	68	D	100	d
5	ENQ	37	％	69	E	101	e
6	ACK	38	&	70	F	102	f
7	BEL	39	,	71	G	103	g
8	BS	40	(	72	H	104	h
9	HT	41	)	73	I	105	i
10	LF	42	*	7	J	106	j
11	VT	43	+	75	K	107	k
12	FF	44	,	76	L	108	l
13	CR	45	—	77	M	109	m
14	SO	46	.	78	N	110	n
15	SI	47	/	79	O	111	o
16	DLE	48	0	80	P	112	p
17	DCI	49	1	81	Q	113	q
18	DC2	50	2	82	R	114	r
19	DC3	51	3	83	X	115	s
20	DC4	52	4	84	T	116	t
21	NAK	53	5	85	U	117	u
22	SYN	54	6	86	V	118	v
23	TB	55	7	87	W	119	w
24	CAN	56	8	88	X	120	x
25	EM	57	9	89	Y	121	y
26	SUB	58	:	90	Z	122	z
27	ESC	59	;	91	[	123	{
28	FS	60	<	92	\	124	|
29	GS	61	=	93	]	125	}
30	RS	62	>	94	ˆ	126	～
31	US	63	?	95	—	127	DEL

参 考 文 献

[1]钱雪忠,宋威,吴秦,赵芝璞.新编 C 语言程序设计[M].北京:清华大学出版社,2014.

[2]李梦阳,张春飞.C 语言程序设[M].上海:上海交通大学出版社,2013.

[3]贾蓓,姜薇,镇明敏.C 语言实战编程宝典[M].北京:清华大学出版社,2015.

[4]王森.C 语言编程基础[M].第 3 版.北京:电子工业出版社,2017.

[5]郭秋艳.C 语言经典问题编程实训[M].武汉:武汉大学出版社,2016.

[6]张玉莲.编程语言基础——C 语言[M].北京:电子工业出版社,2018.